Make-up Design Book

김민경 · 홍수경

청구문화사

머리말

최근에 이르러 뷰티산업의 꾸준한 성장과 함께 메이크업 분야도 끊임없이 변화, 발전하고 있다. 이와 더불어 무대, 방송분장은 물론 바디페인팅을 비롯한 각종 아트메이크업 분야는 더욱 더 전문화 되고 있는 실정이다. 이러한 메이크업의 시술에 앞서 디자인 작업은 매우 중요하며 작품의 완성도는 디자인에서 시작된다고 해도 과언이 아니다.

이번에 발간하는 **메이크업 디자인 북**은 디자인 작업의 기초에서 창작에 이르기까지 다양한 연습을 할 수 있도록 제안 되었으며 이를 통해 메이크업 작품의 완성도를 높이는데 도움이 되고자 노력하였다.

이 작은 책자가 모쪼록 메이크업을 전공하는 학생과 이미 현장에서 메이크업에 종사하는 아티스트들에게 미력하나마 도움이 되길 바란다.

끝으로 책이 출판될 수 있도록 많은 도움을 주신 청구문화사 이상태 사장님과 편집에 도움의 손길을 마다하지 않으신 임직원 여러분께 감사드린다.

2010. 새봄

저자일동

목 차

1. 얼굴의 균형도

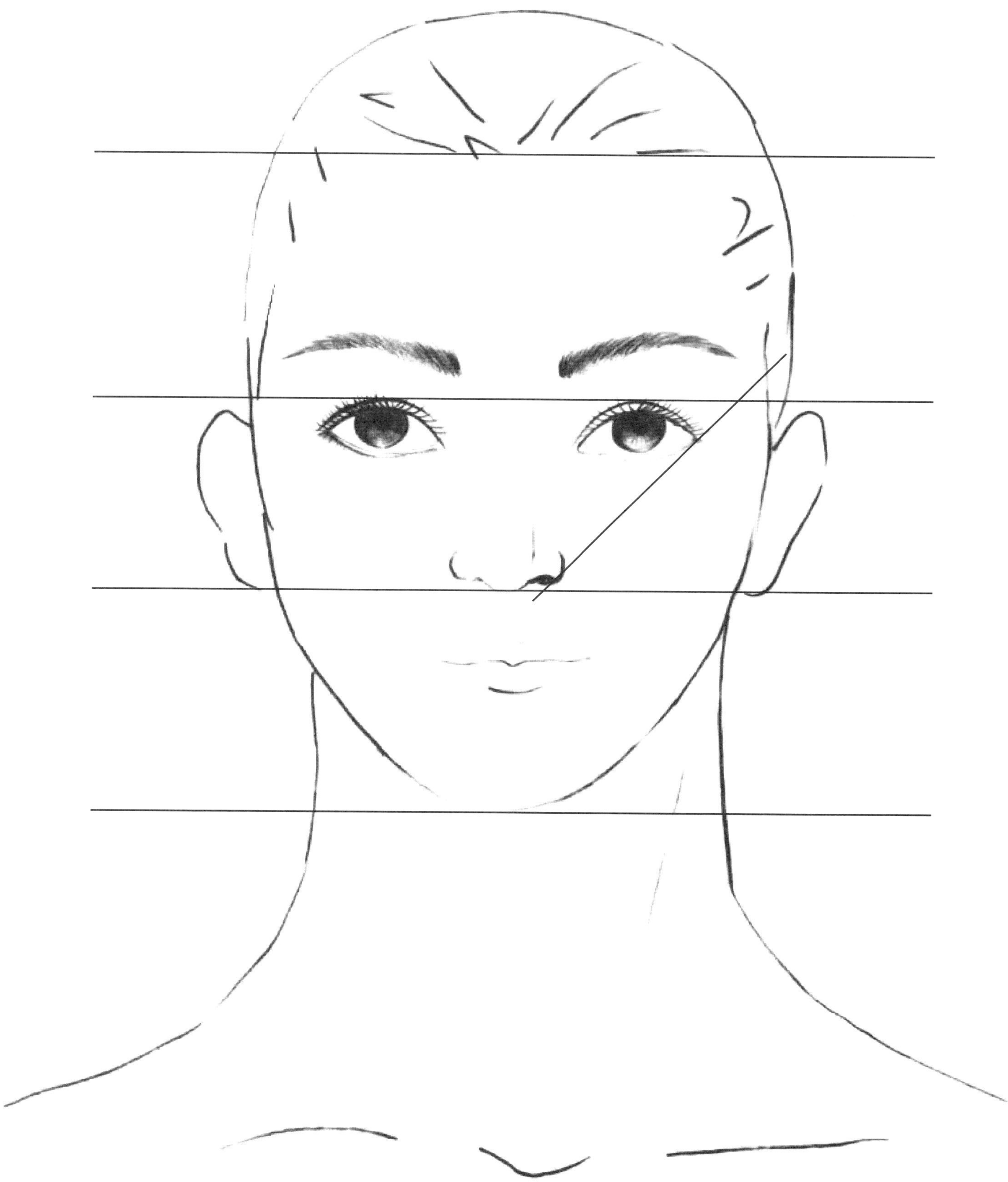

2-1. 구

명 암

일정한 방향의 빛이 닿으면 밝은 부분과 어두운 부분이 나타나는 것을 명암이라 한다. 이 명암은 빛은 받는 각도에 따라 일정한 질서를 갖고 톤을 형성하는데 명암을 잘 파악하여 그리면 평면을 입체와 같은 조형력을 형성하게 된다.
명암의 요소로는 고광(high light), 명부(light tone), 암부(dark tone), 반광(dark linr), 반사광(reflected light)로 이루어져 있다.

2-2. Gradation

0~10단계

0~3 저명도(dark color)
4~6 중명도(middle color)
7~10 고명도(light color)

3. 눈썹 기본형

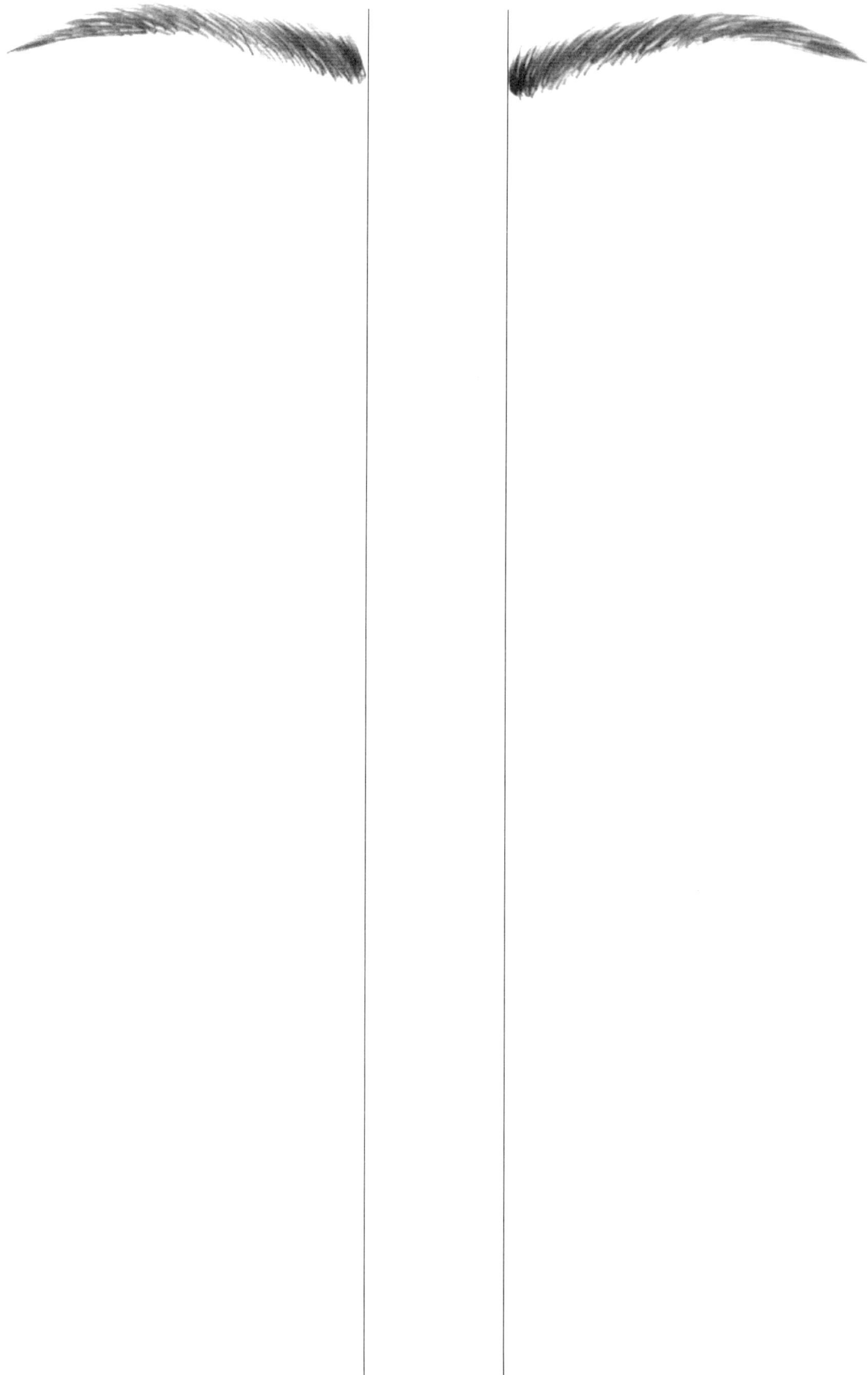

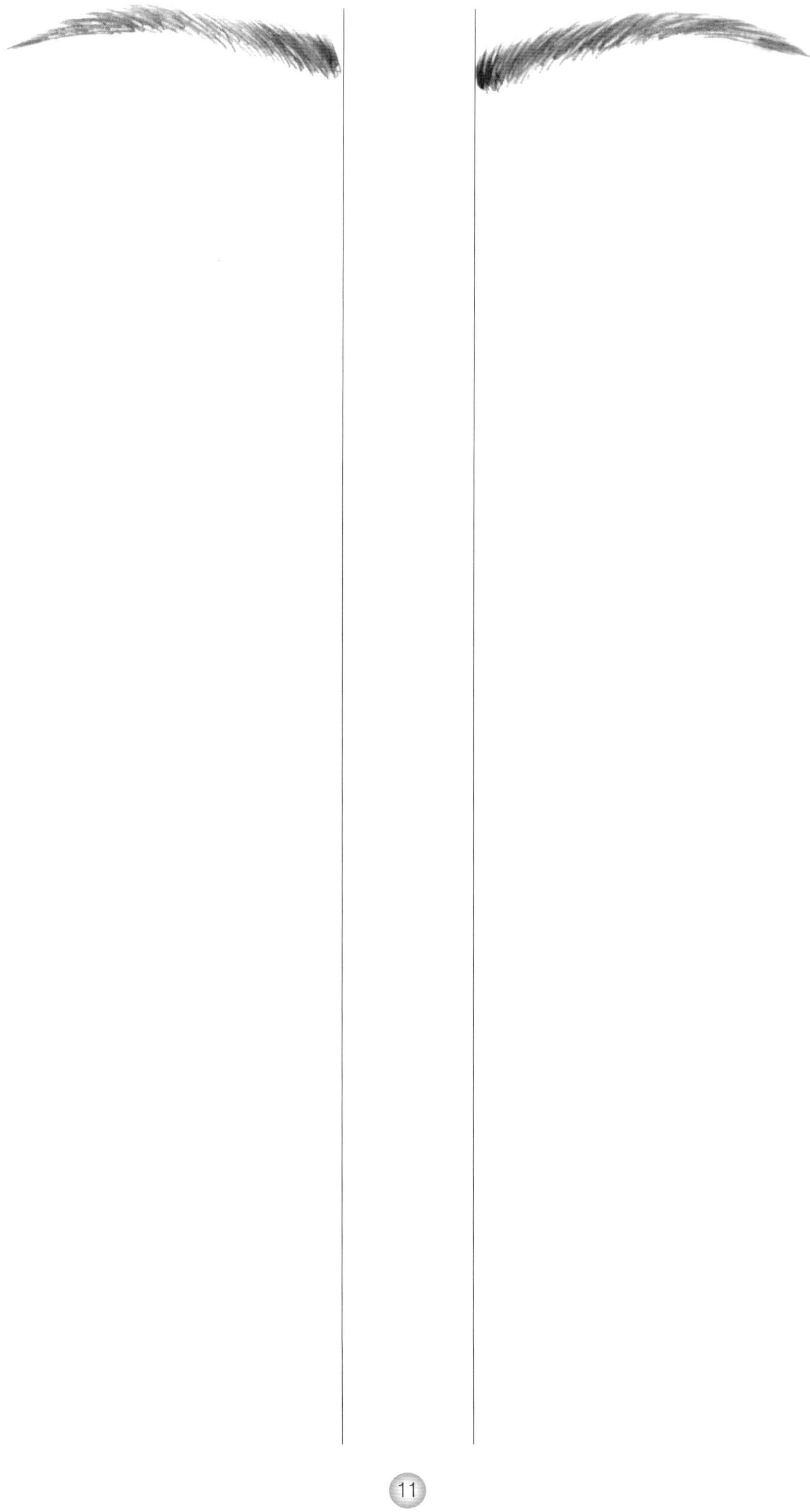

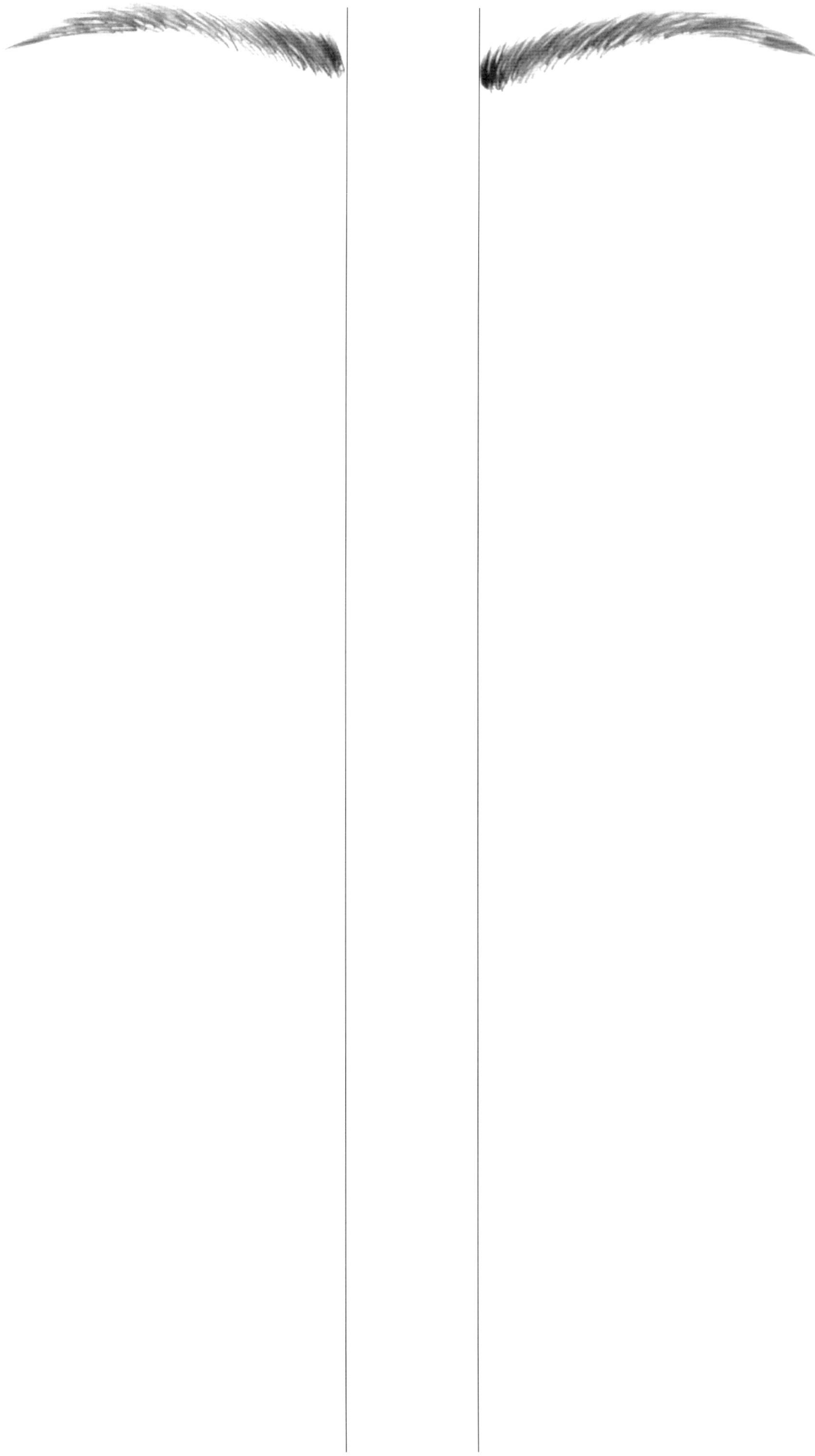

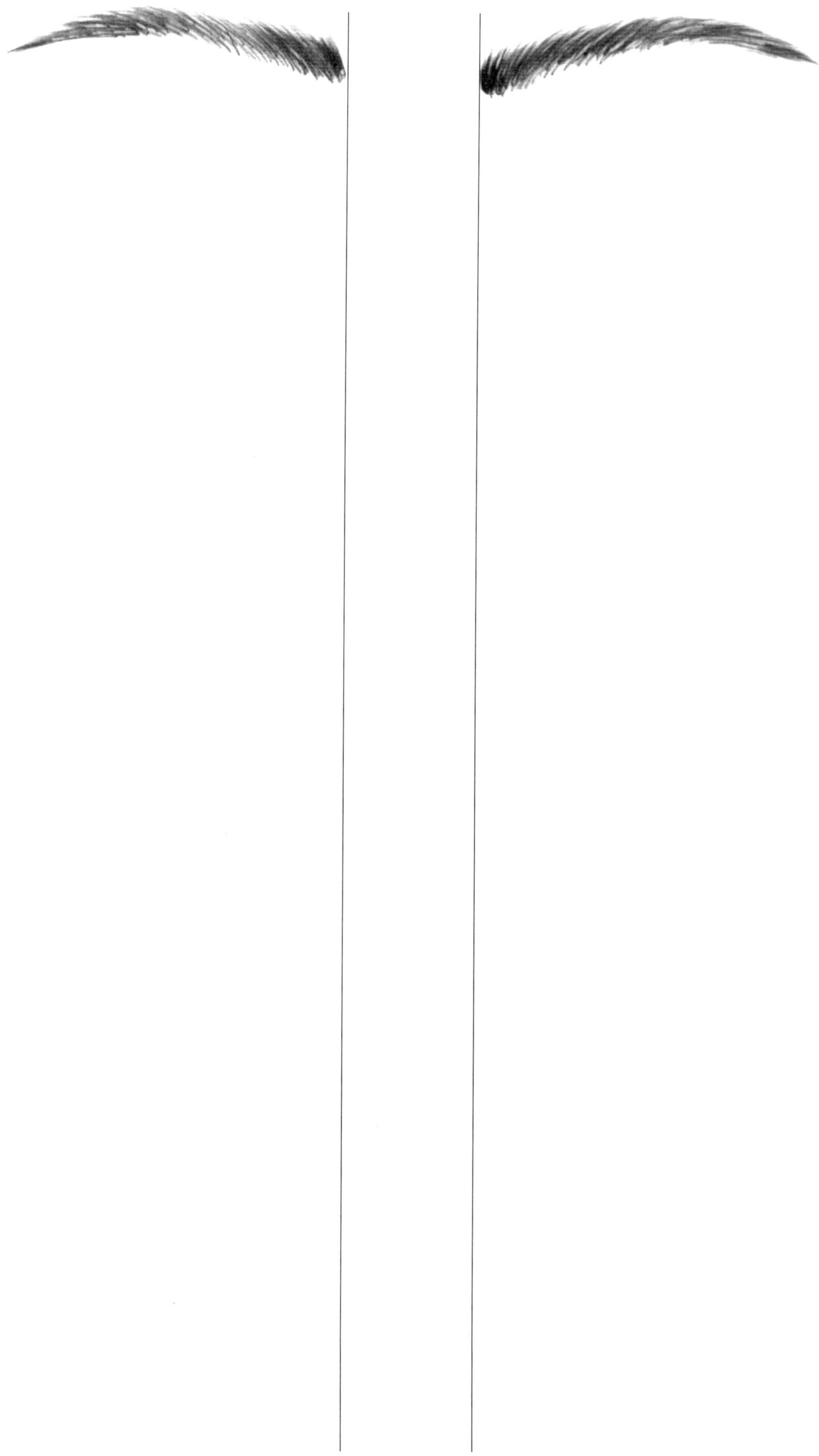

4-1. 뜬 눈 일러스트

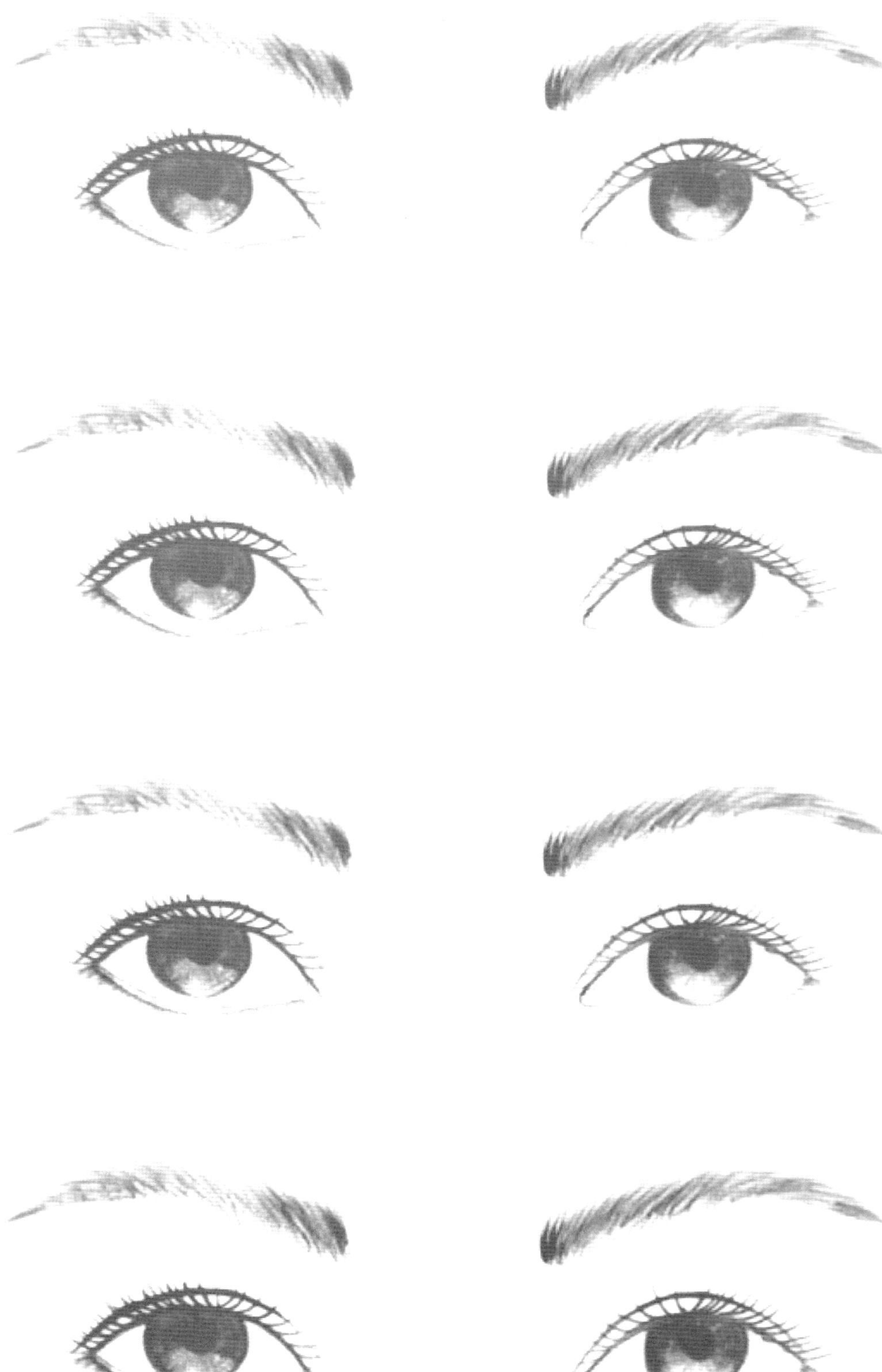

4-2. 감은 눈 일러스트

5. 여자 얼굴 정면

Tema.

Date.

Tema.

Date.

Tema.

Date.

Tema.

Date.

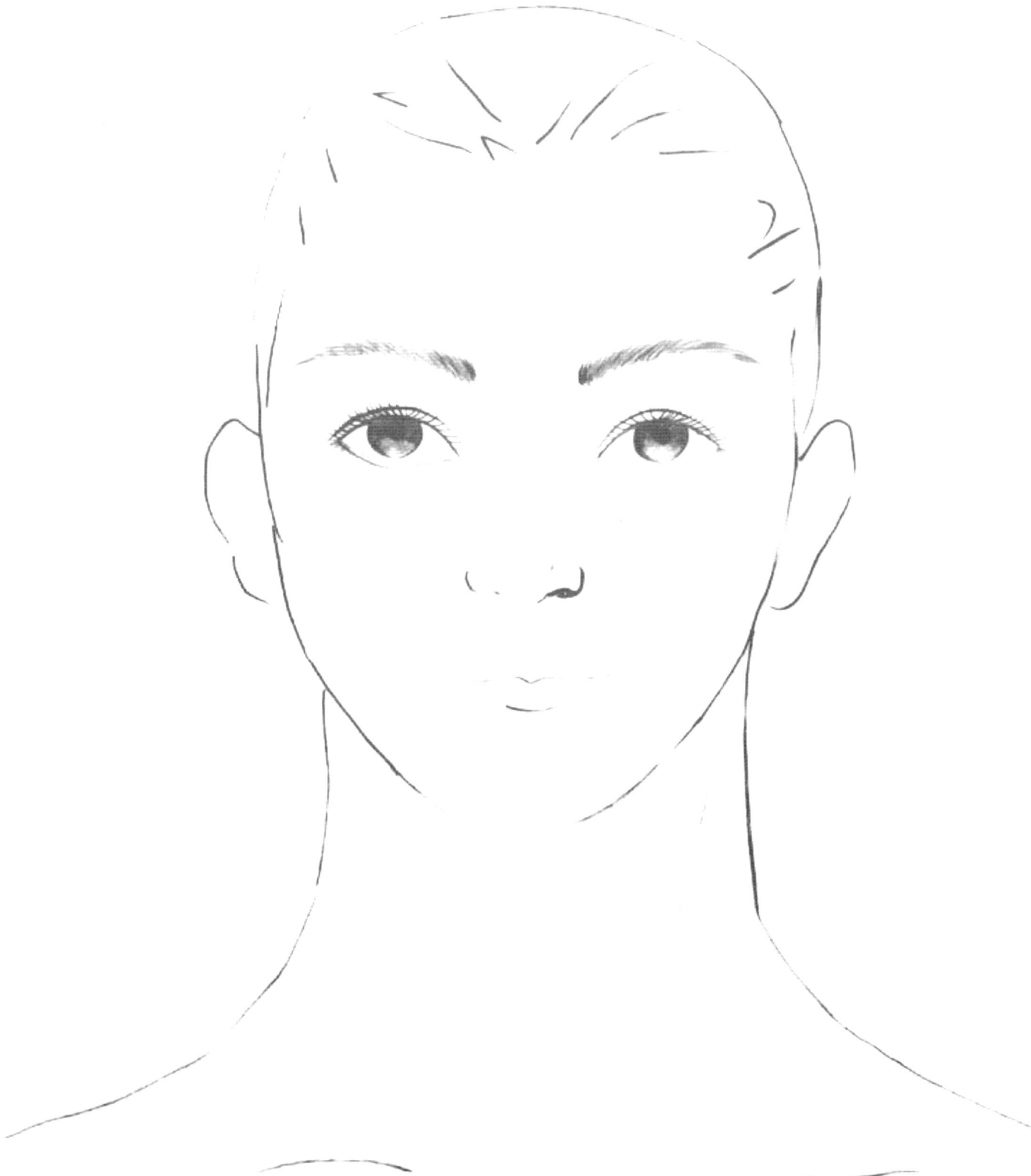

Tema.

Date.

Tema.

Date.

Tema.

Date.

Tema.

Date.

Tema.

Date.

Tema.

Date.

Tema.

Date.

Tema.

Date.

Tema.

Date.

Tema.

Date.

6. 여자 얼굴 측면

Tema.

Date.

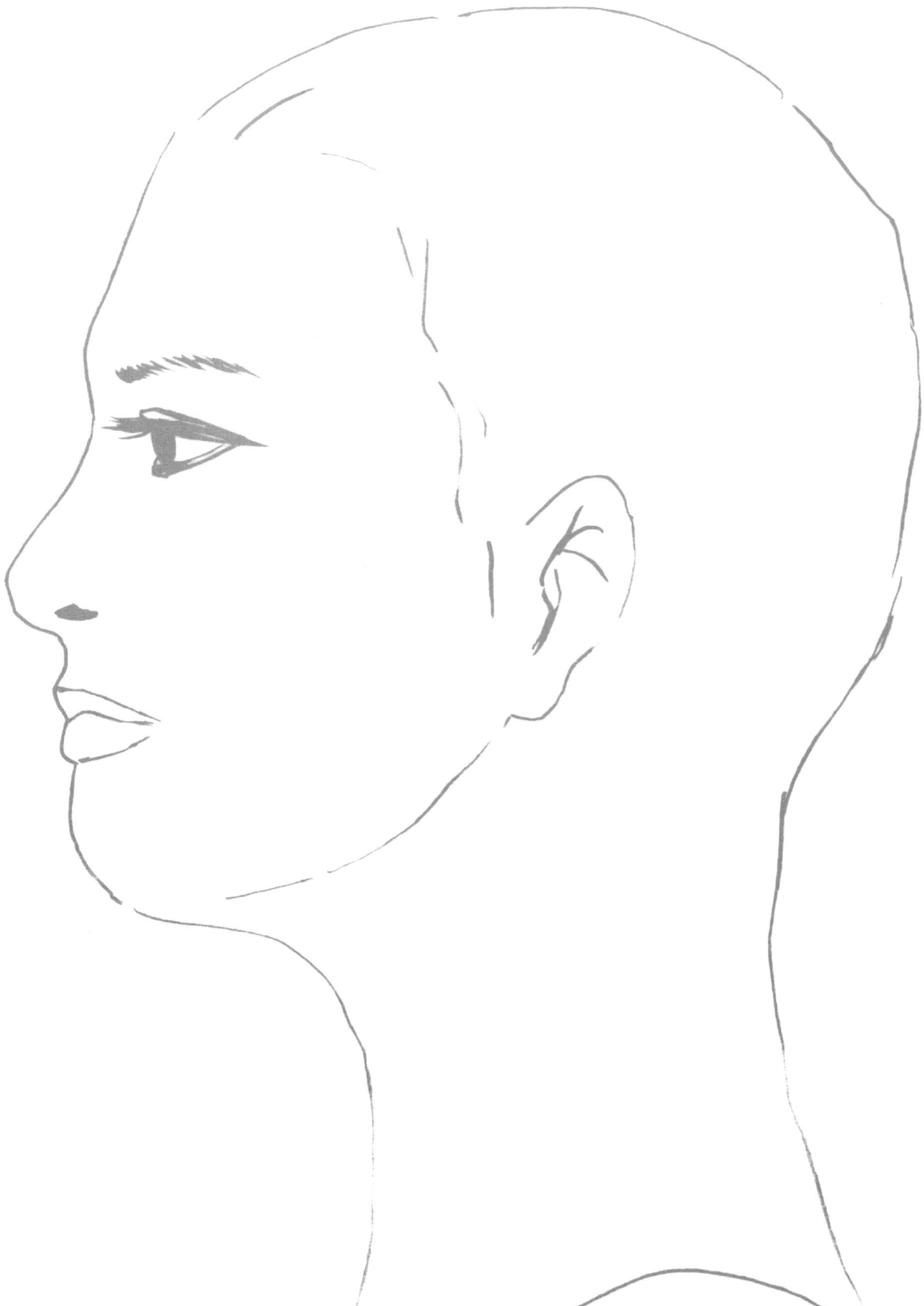

Tema.

Date.

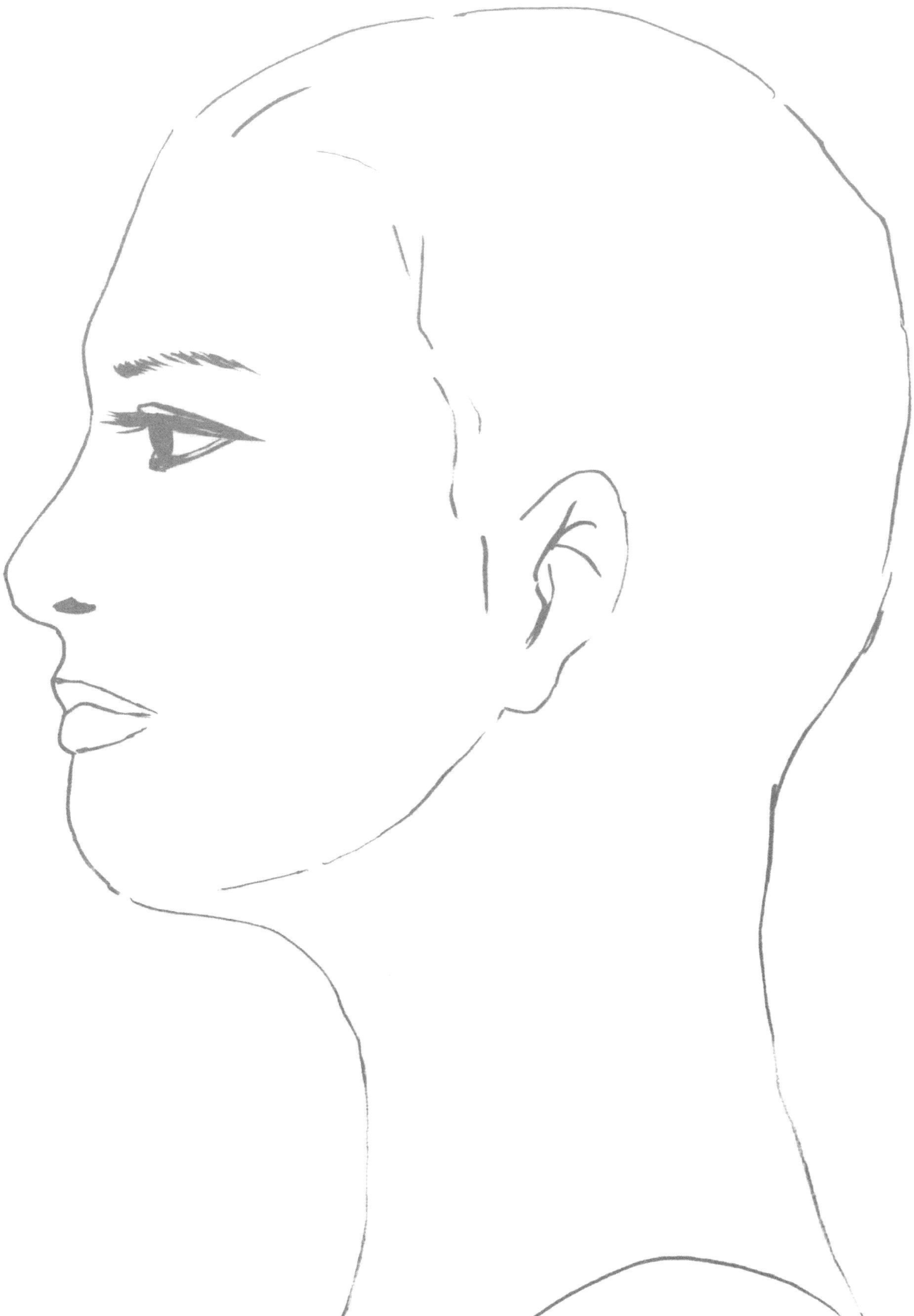

Tema.

Date.

Tema.

Date.

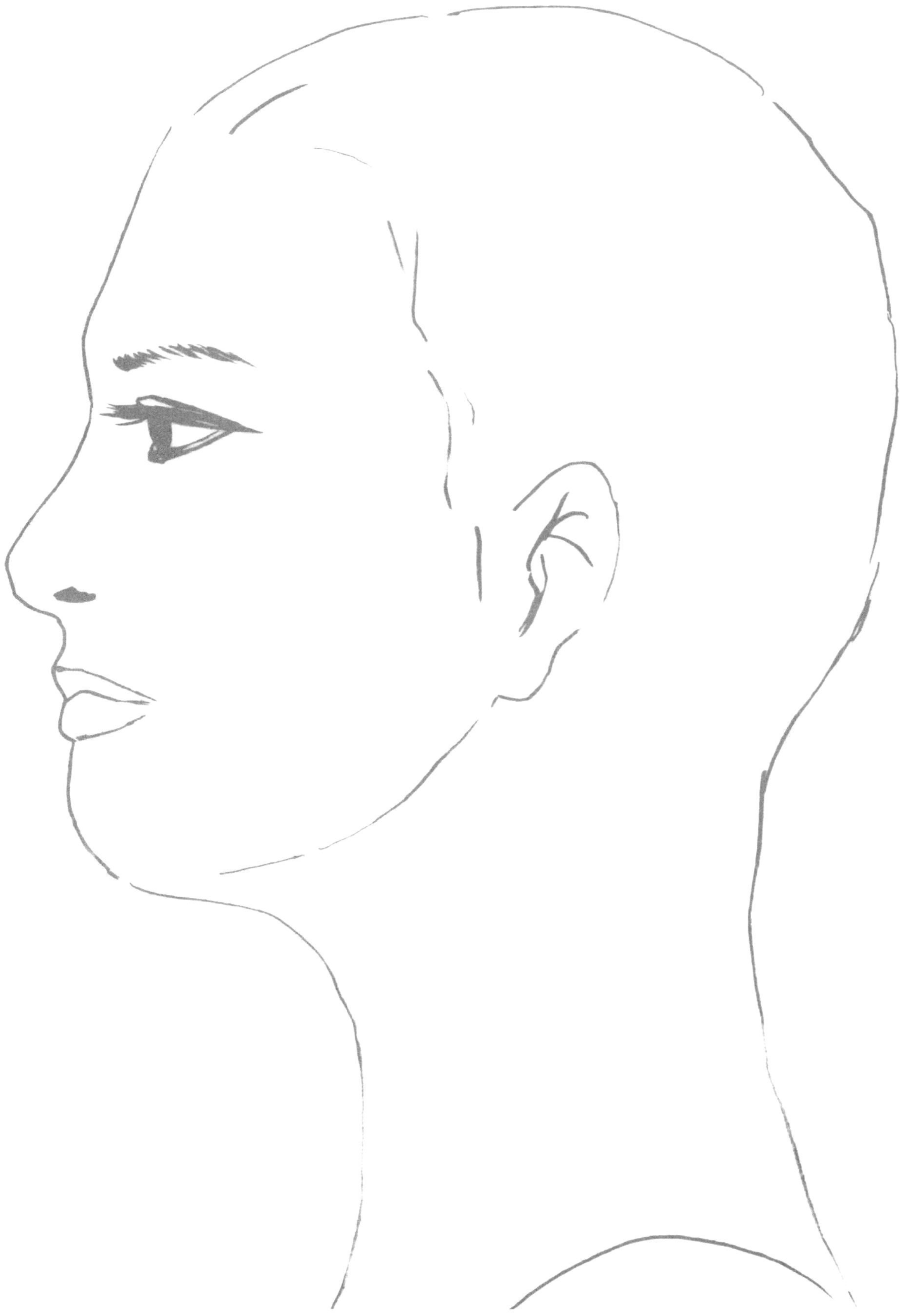

Tema.

Date.

7. 여자 상반신 앞

Tema.

Date.

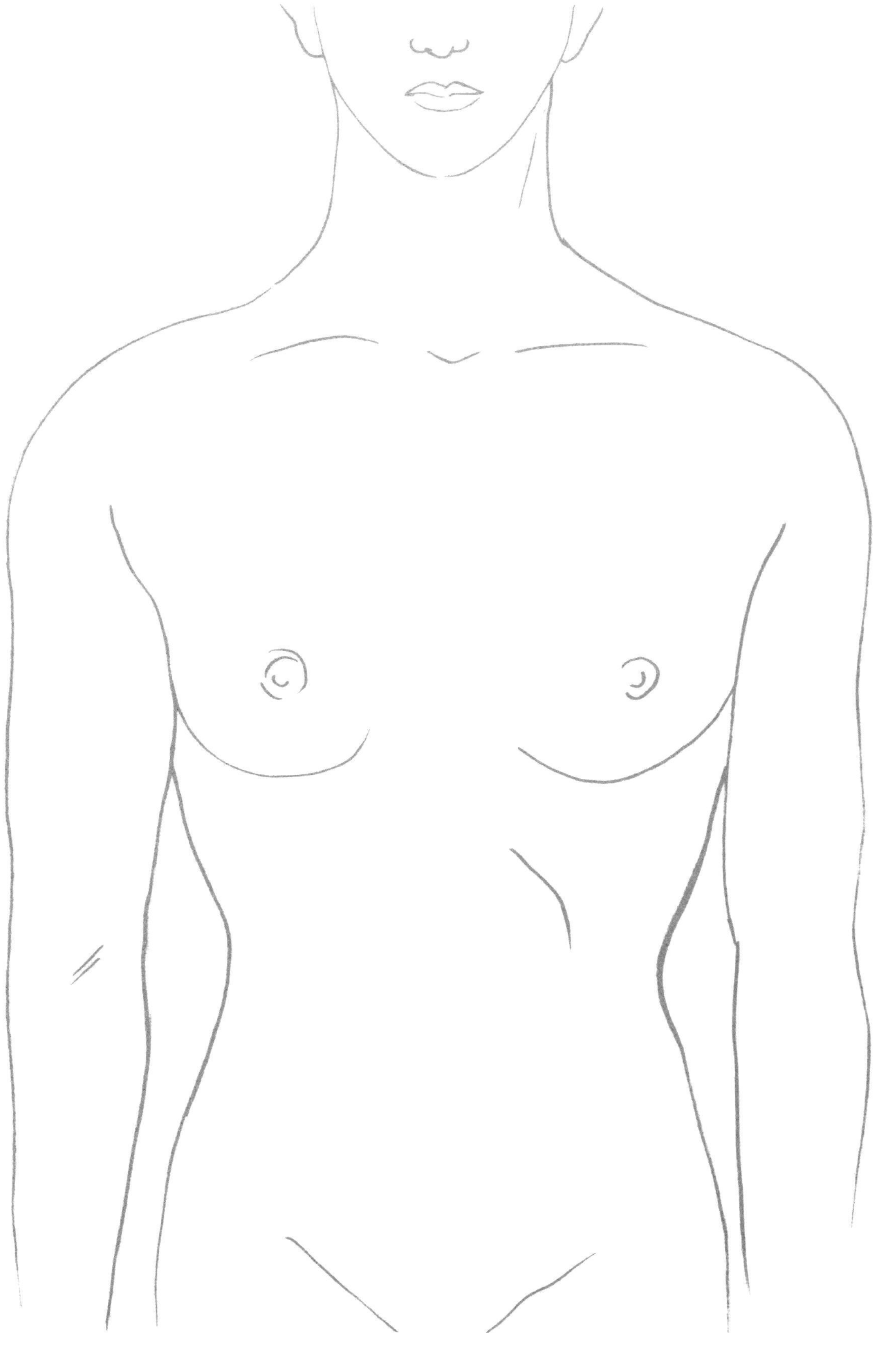

Tema.

Date.

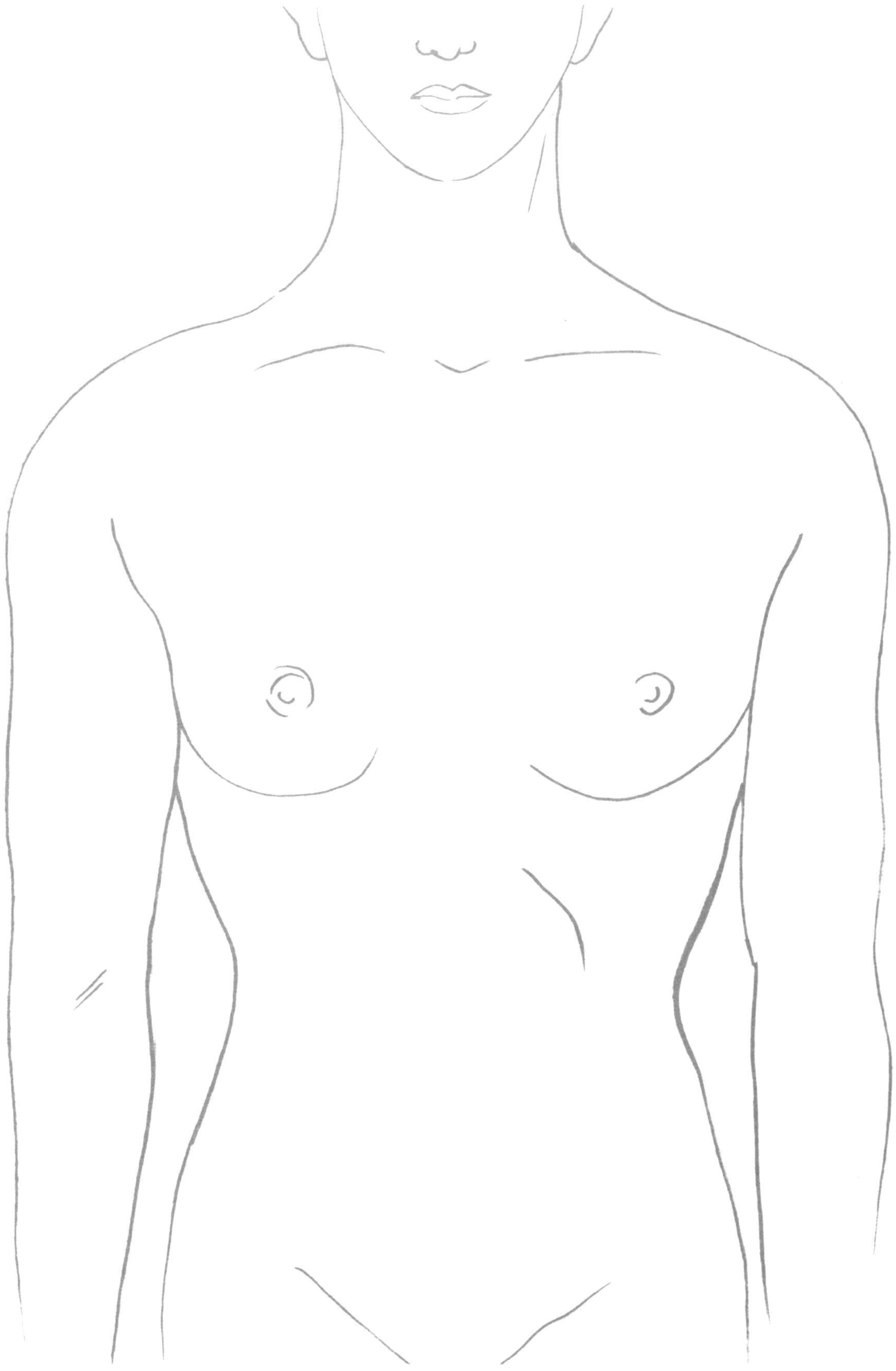

Tema.

Date.

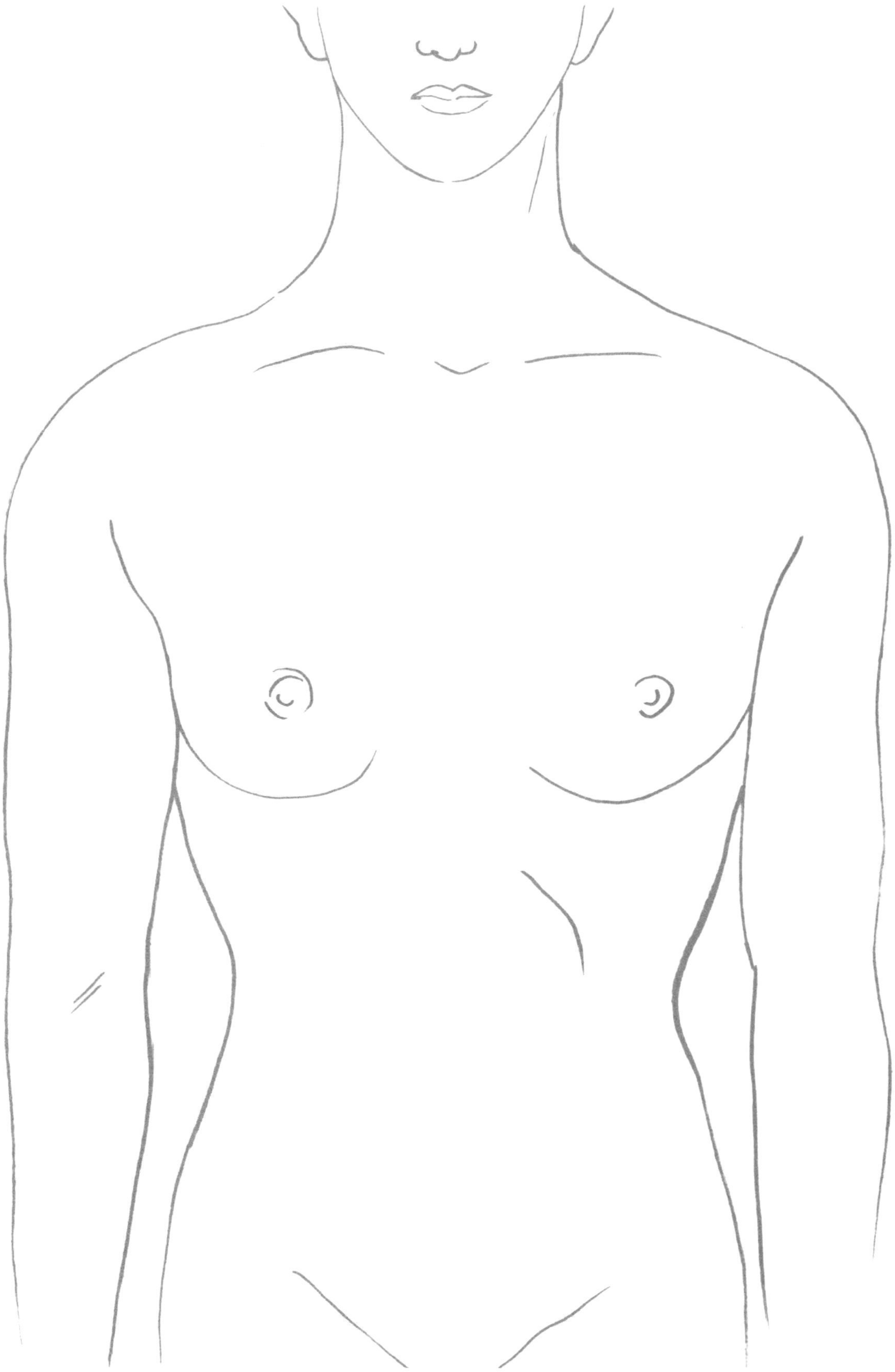

Tema.

Date.

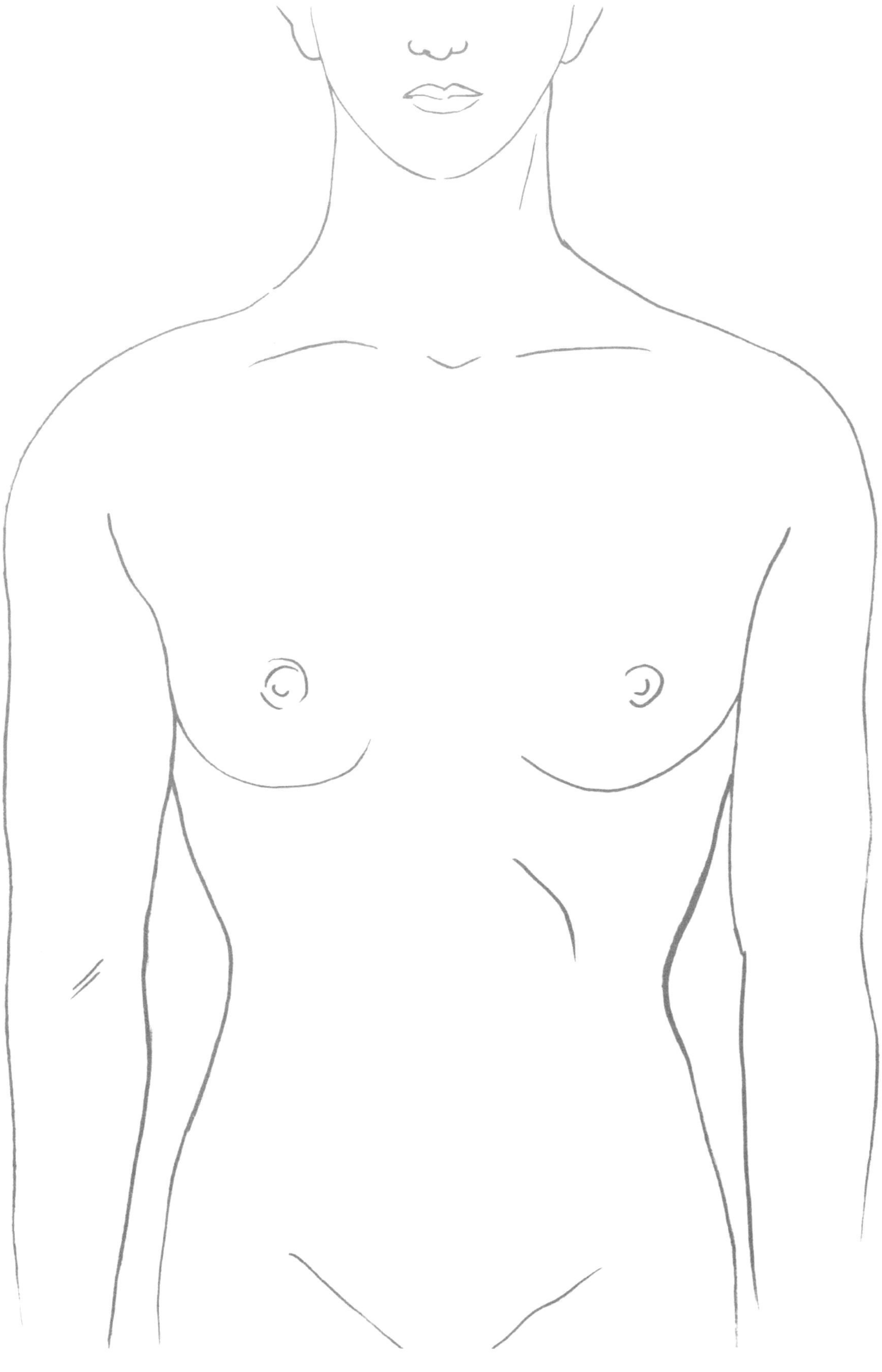

Tema.

Date.

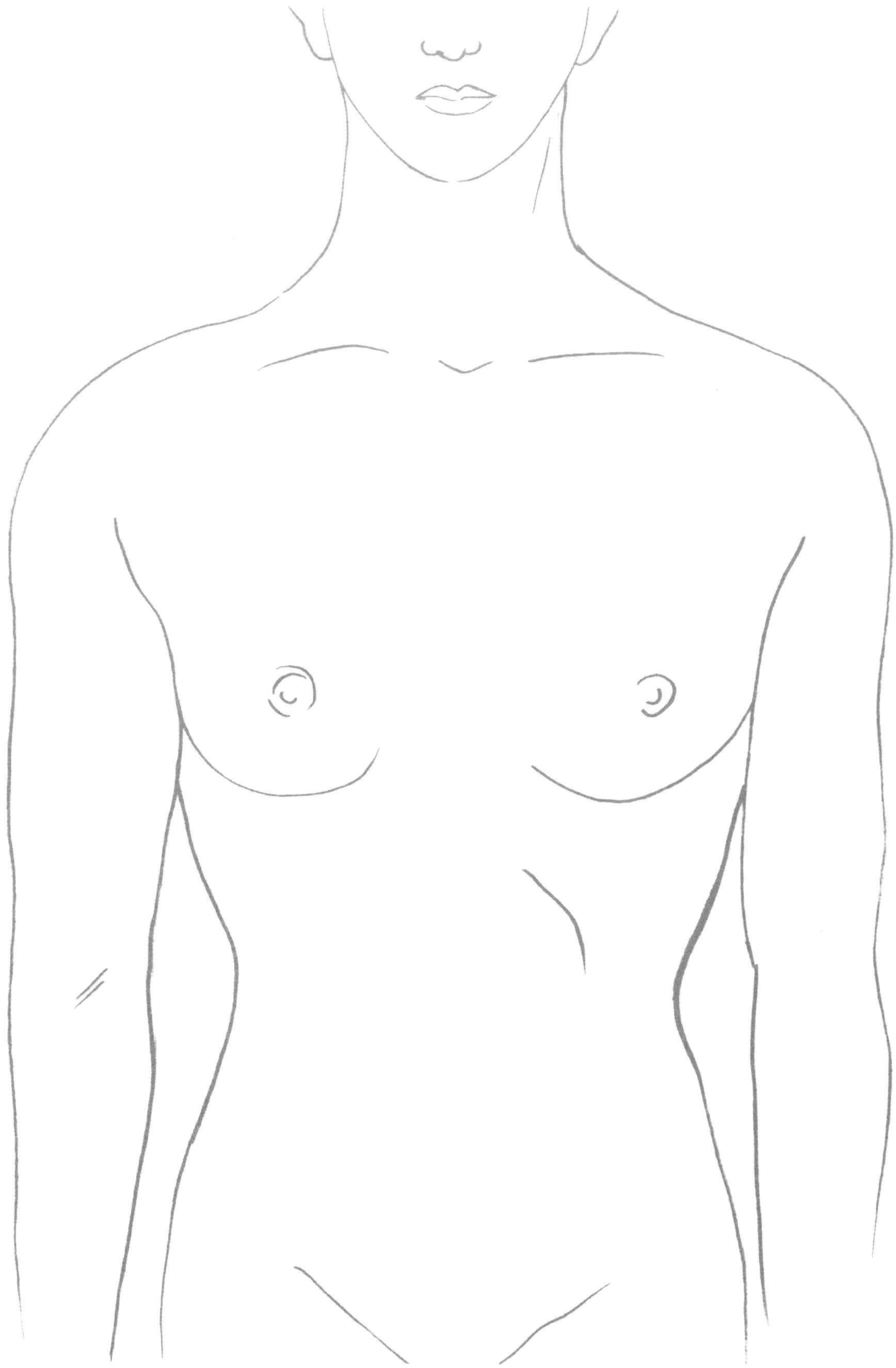

Tema.

Date.

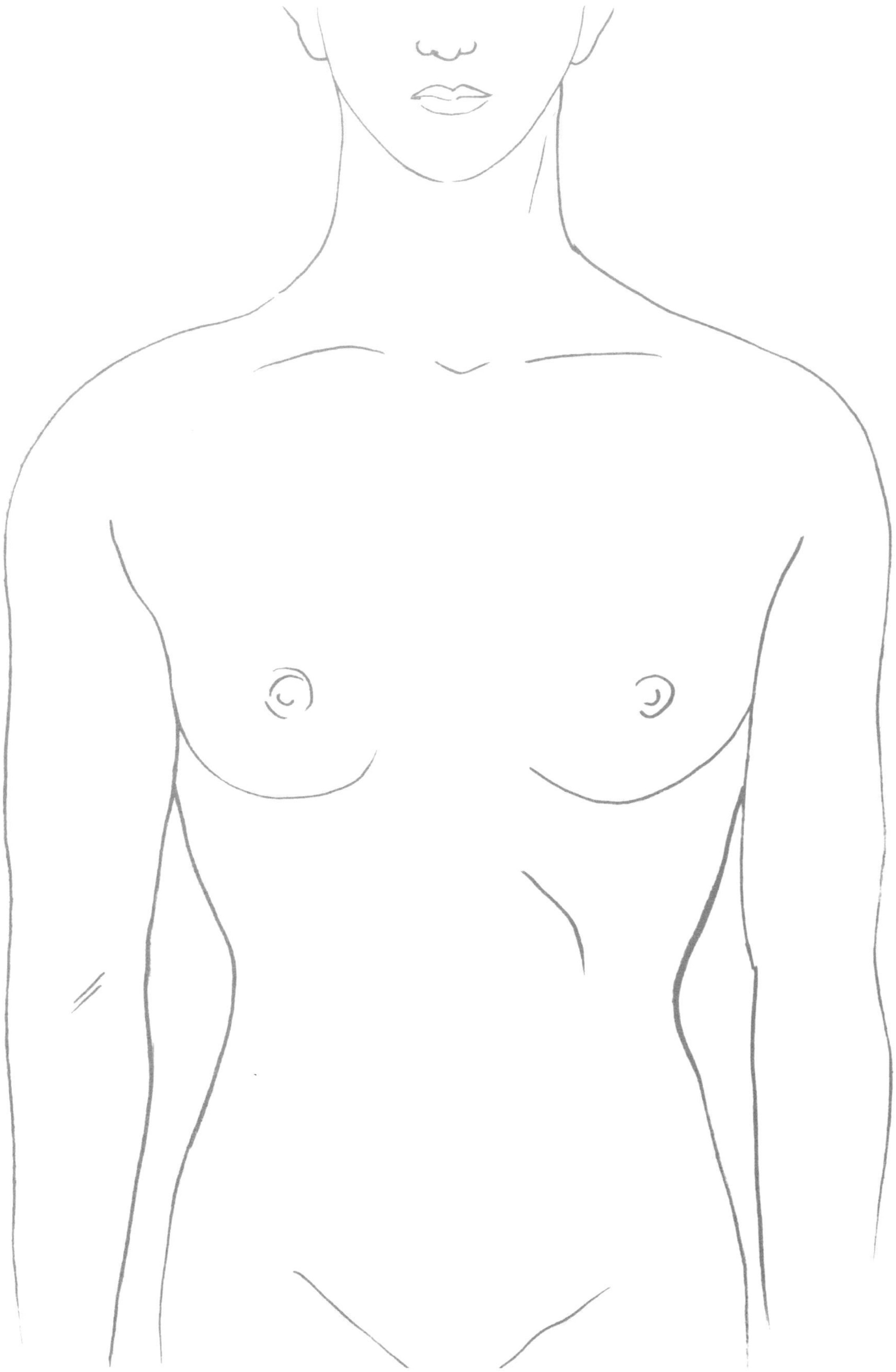

Tema.

Date.

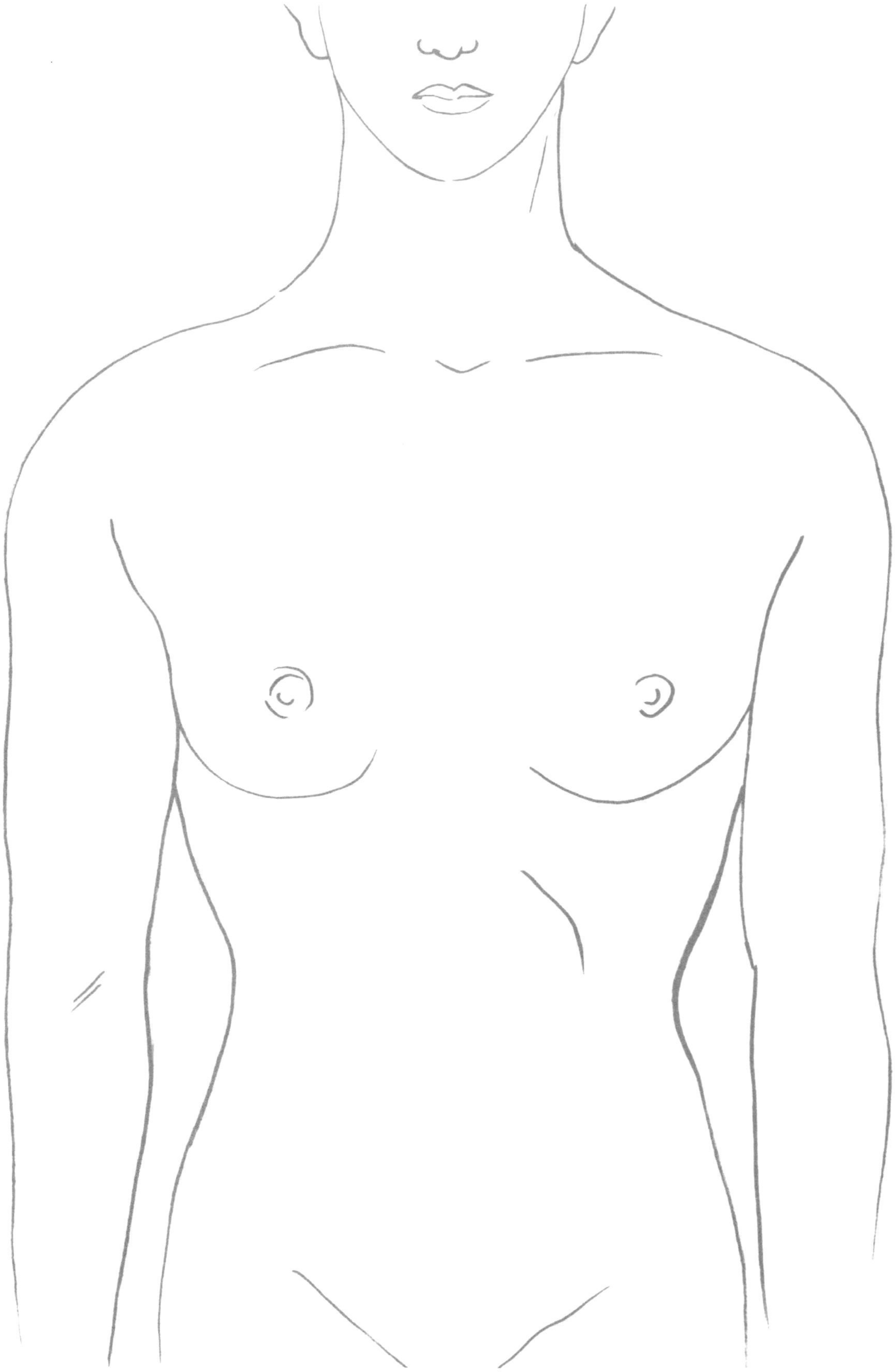

Tema.
Date.

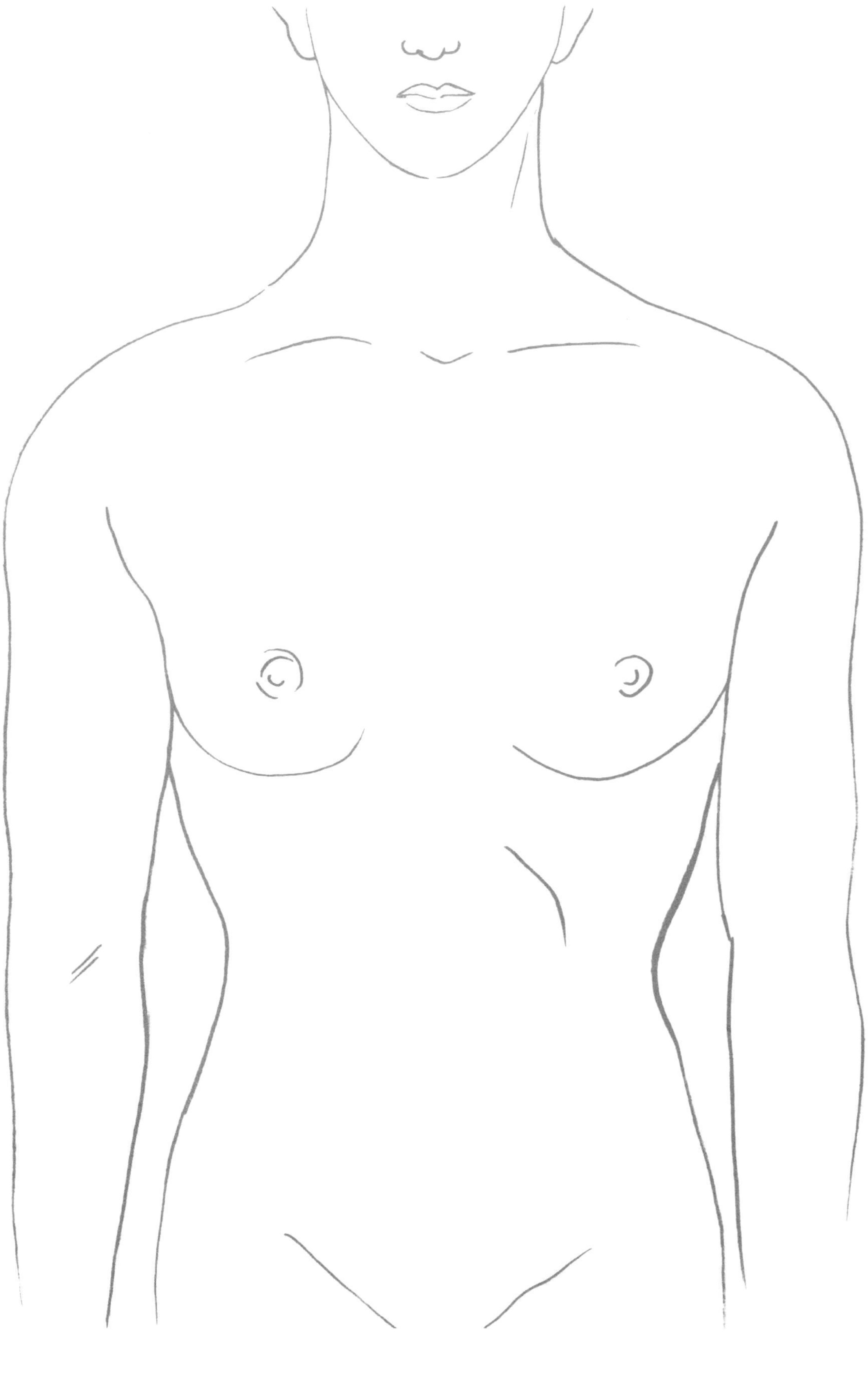

8. 여자 상반신 뒤

Tema.

Date.

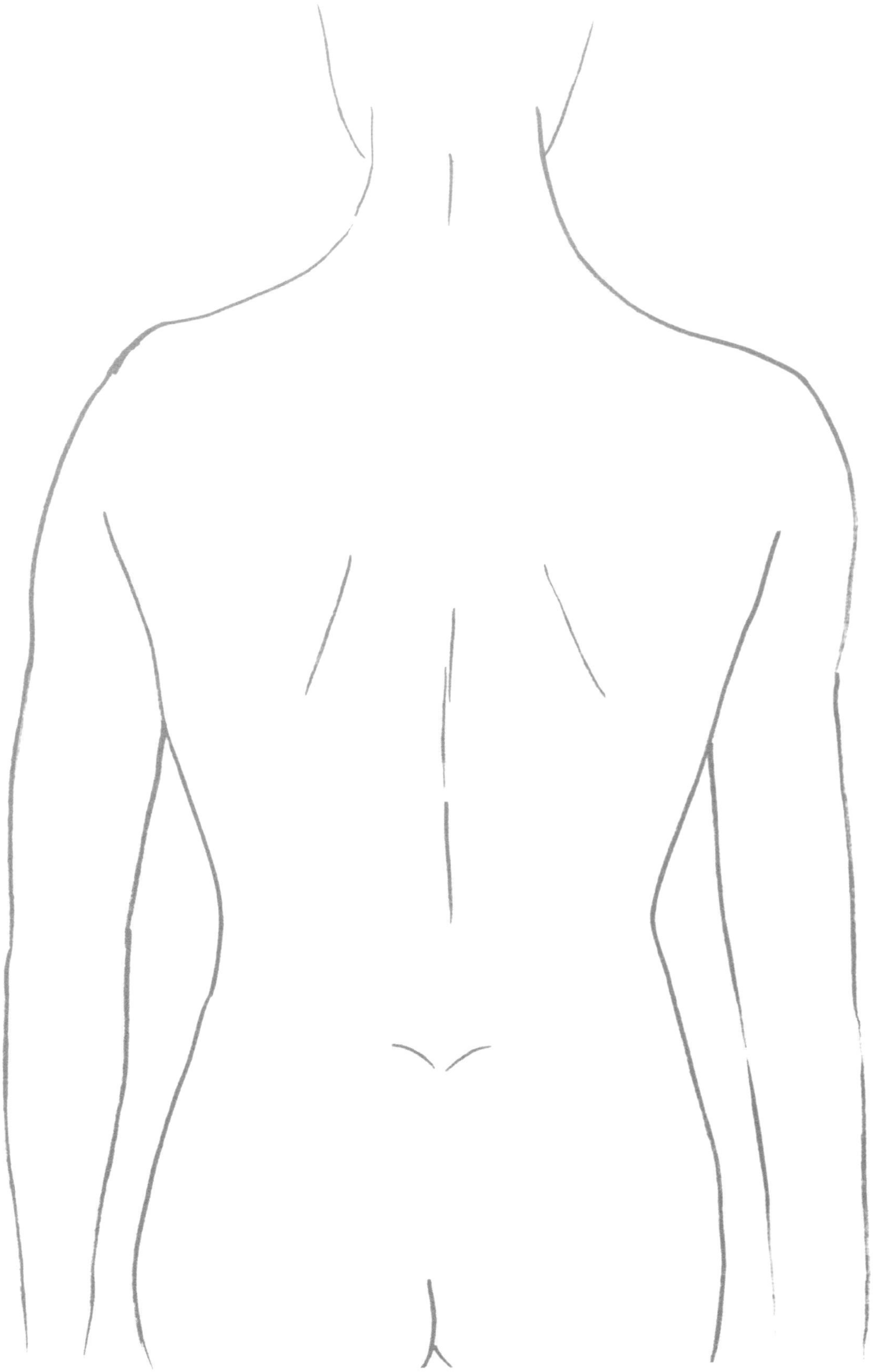

Tema.

Date.

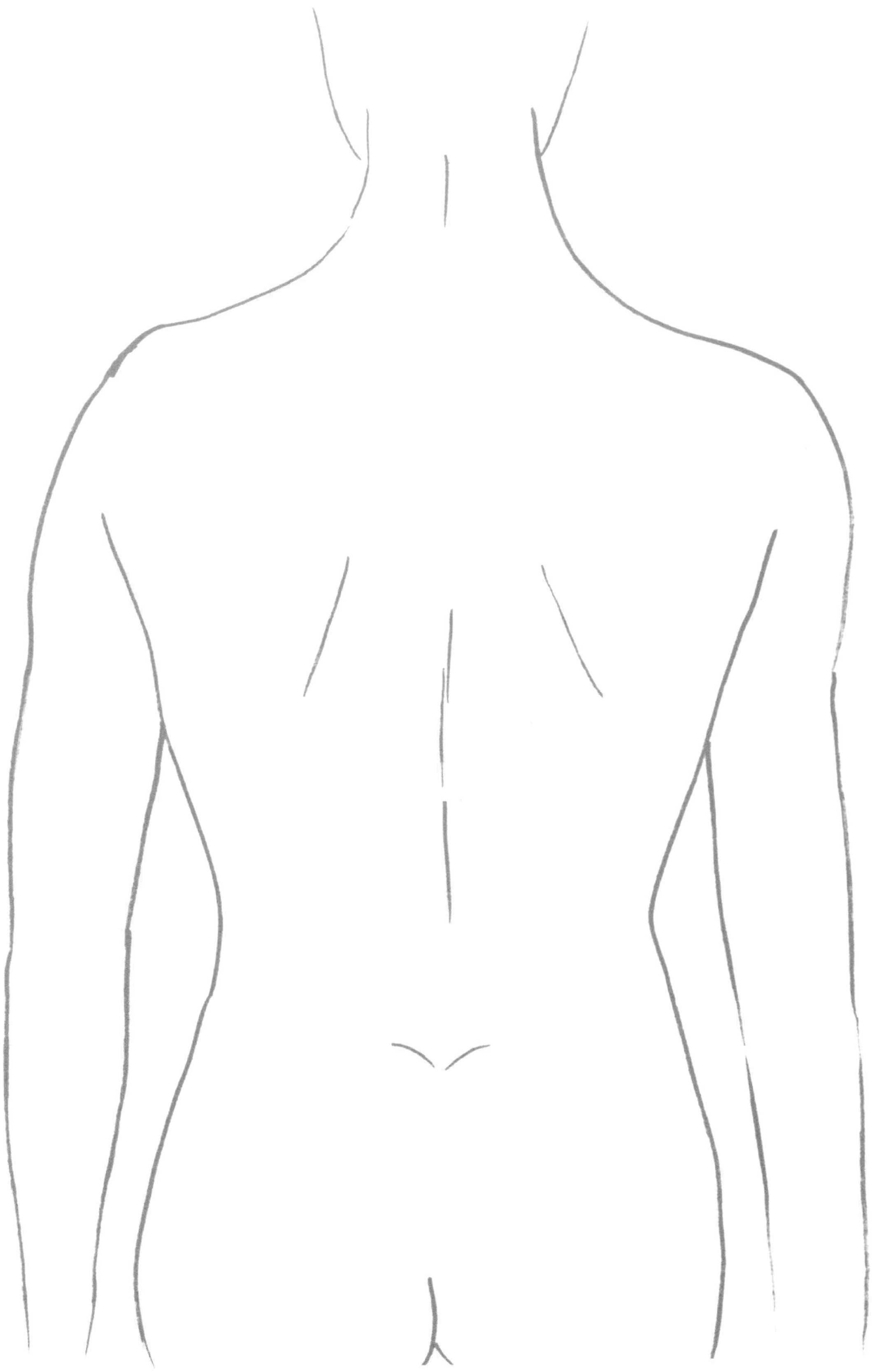

Tema.

Date.

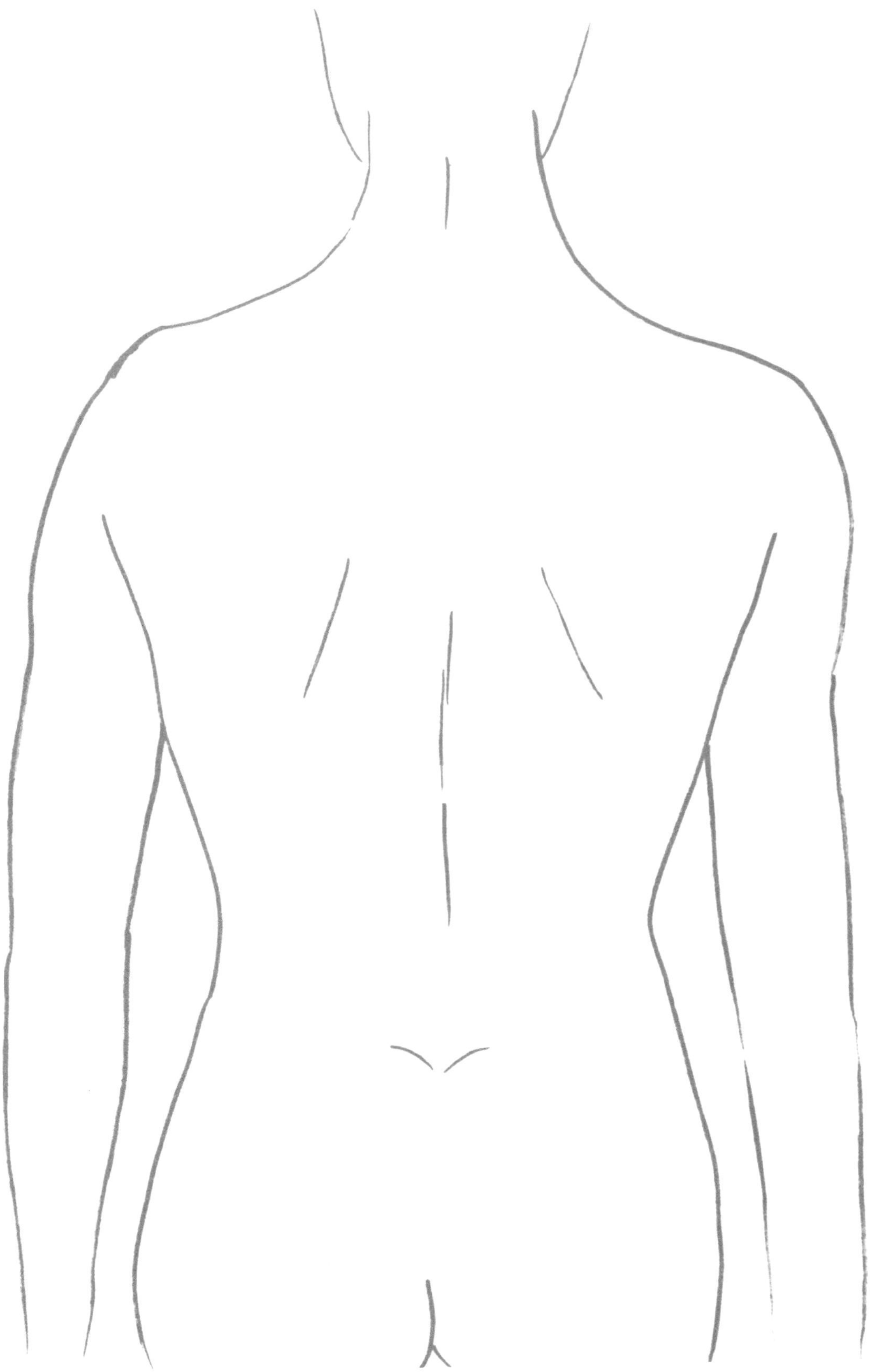

Tema.

Date.

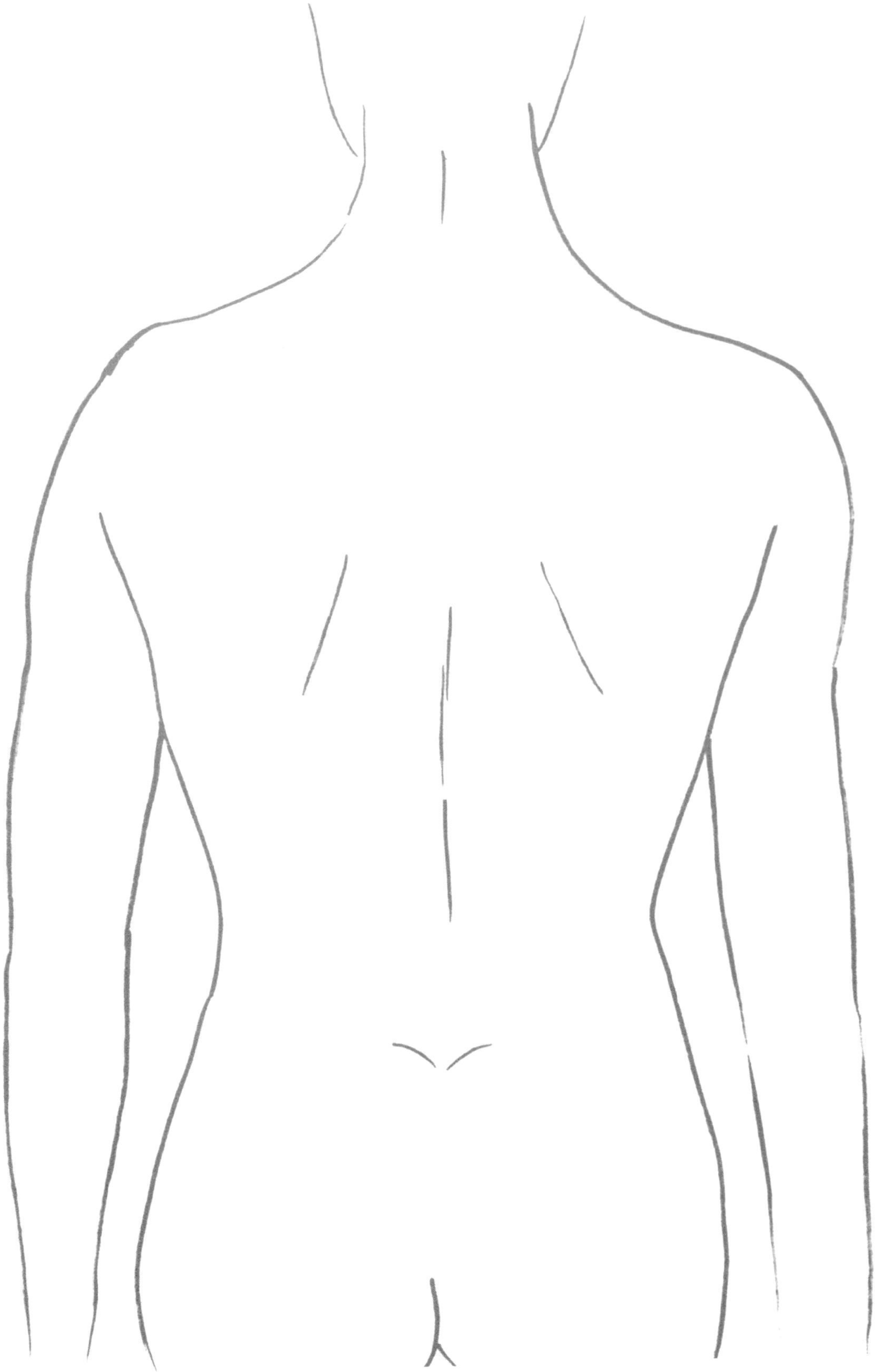

Tema.

Date.

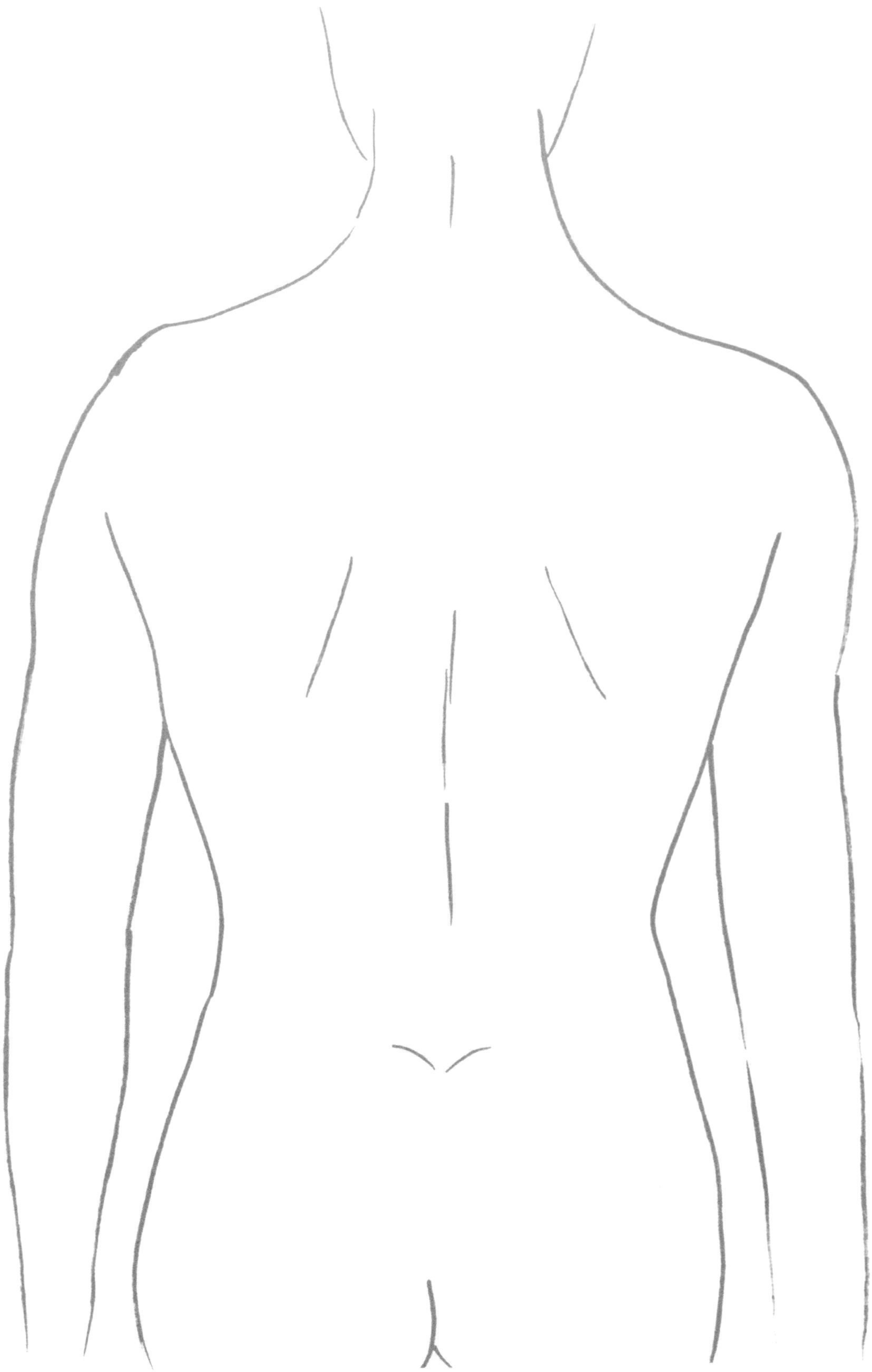

Tema.

Date.

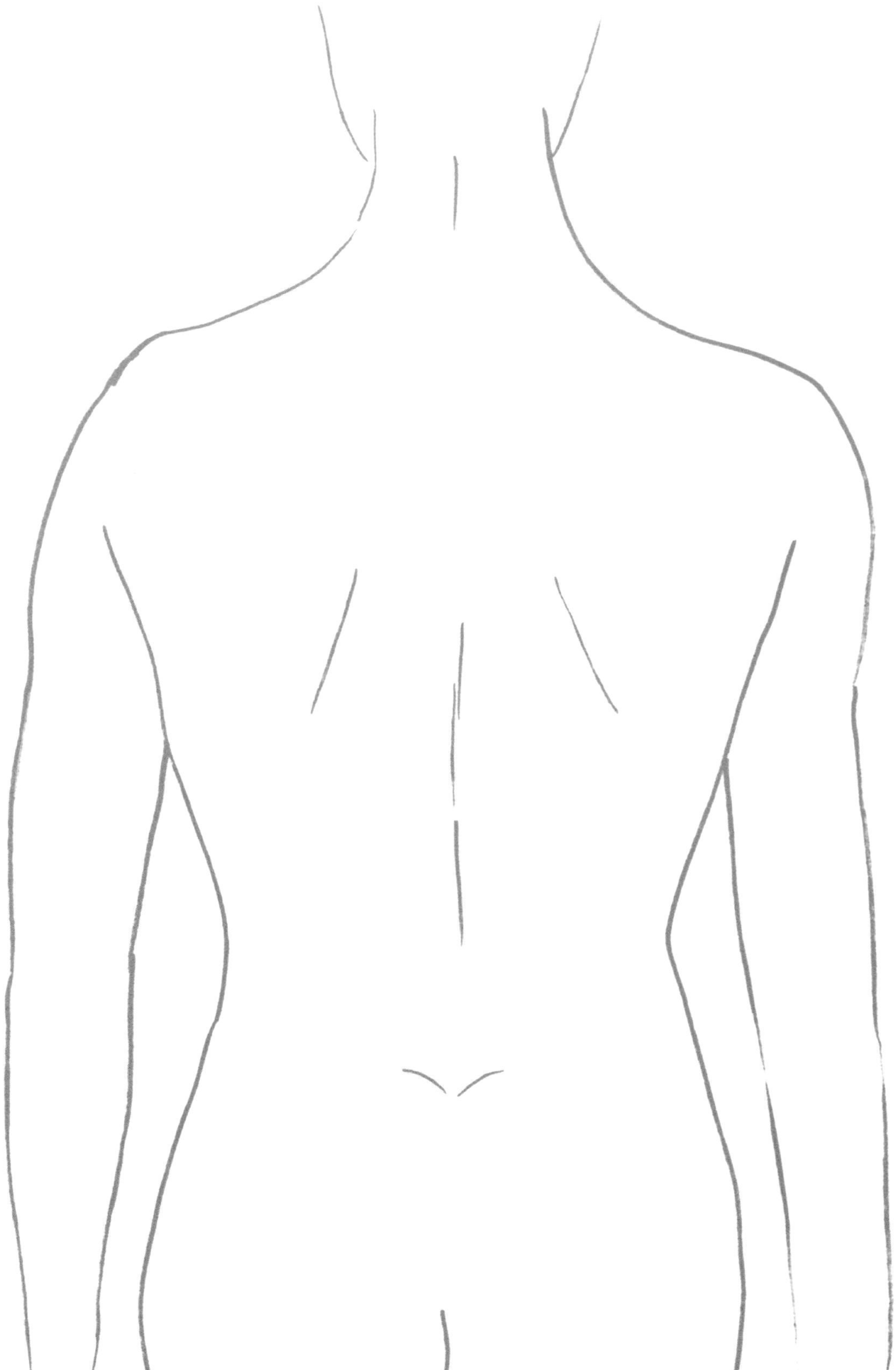

Tema.

Date.

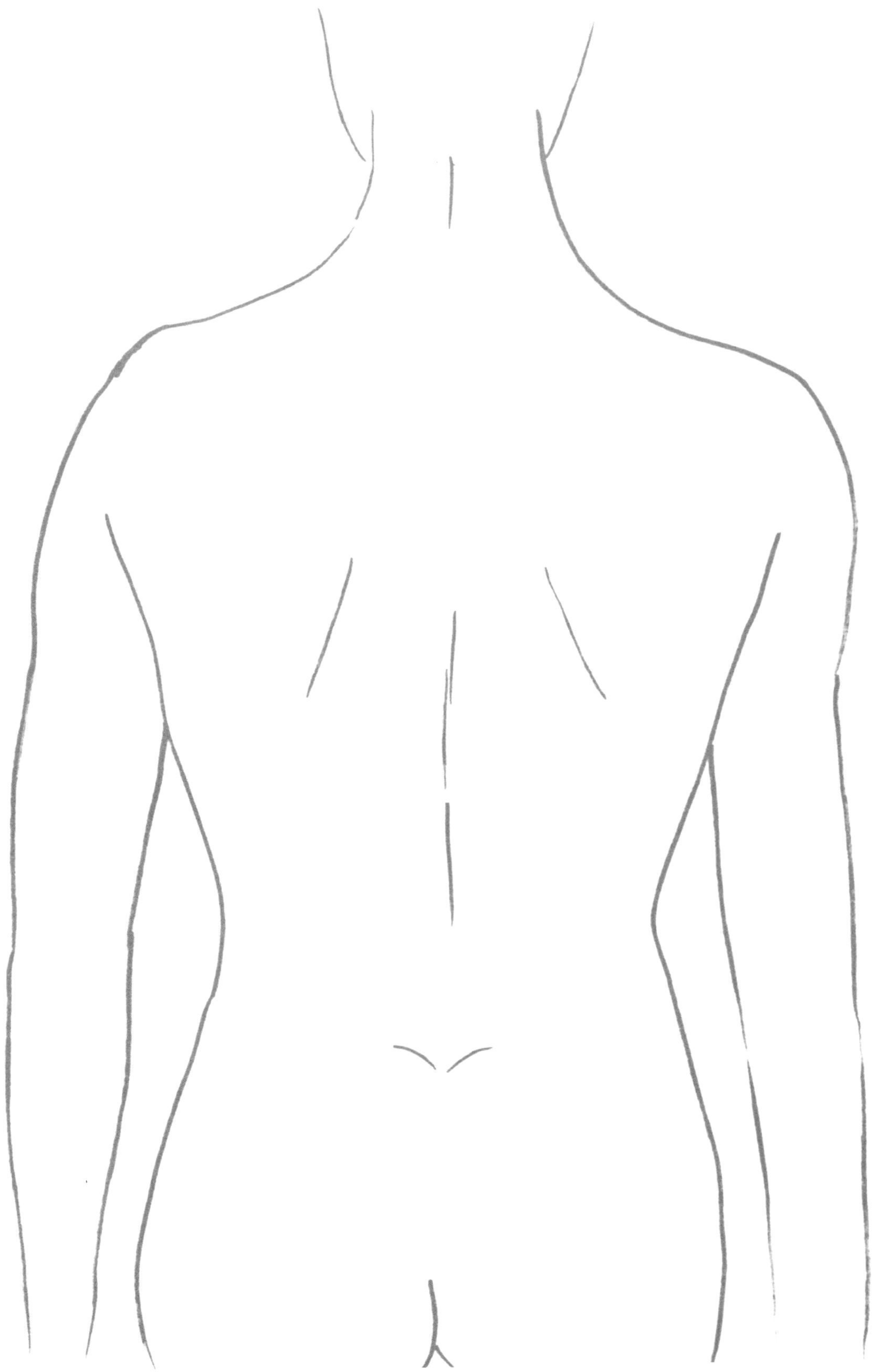

Tema.

Date.

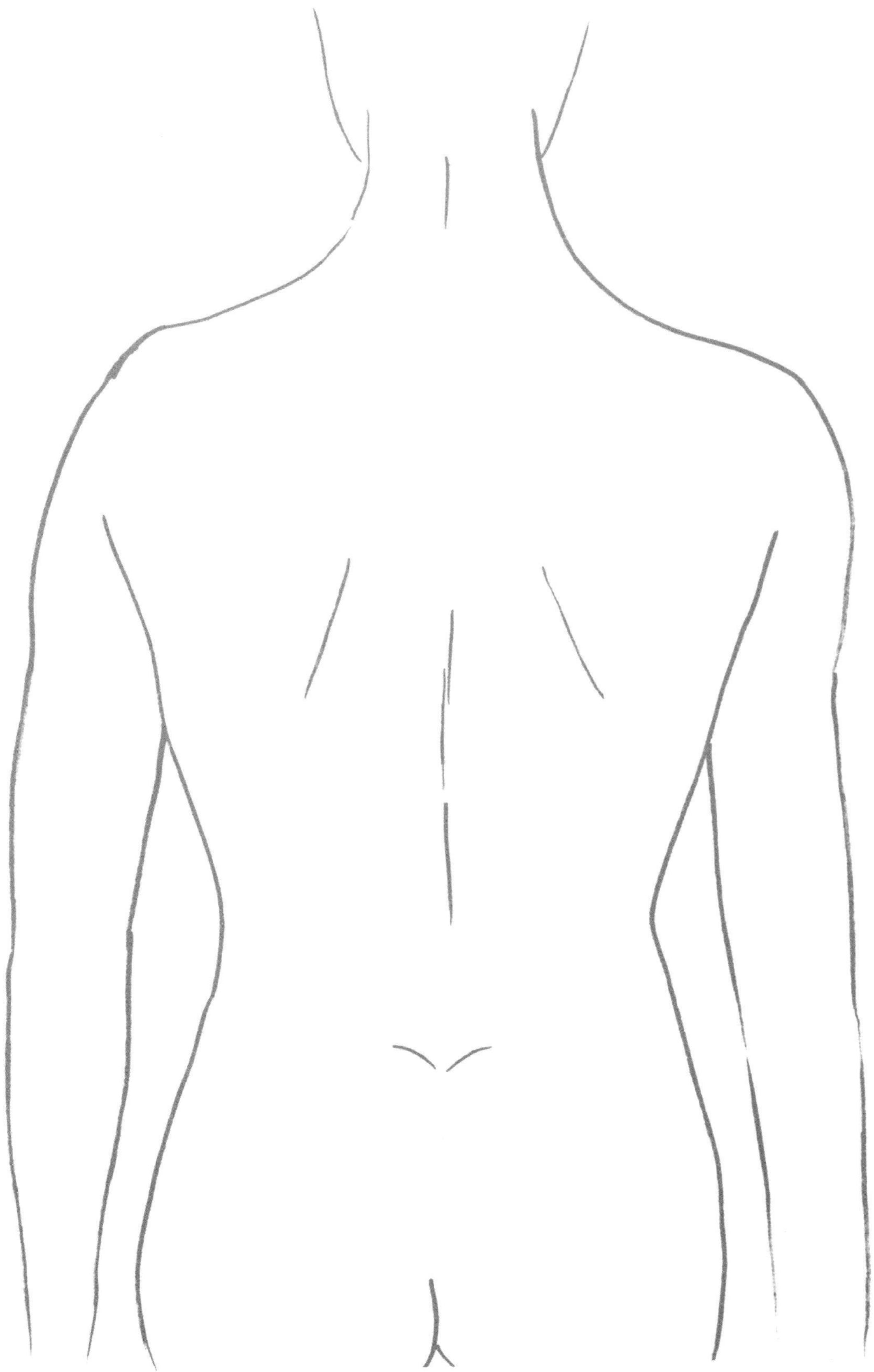

9. 여자 하반신 앞

Tema.
Date.

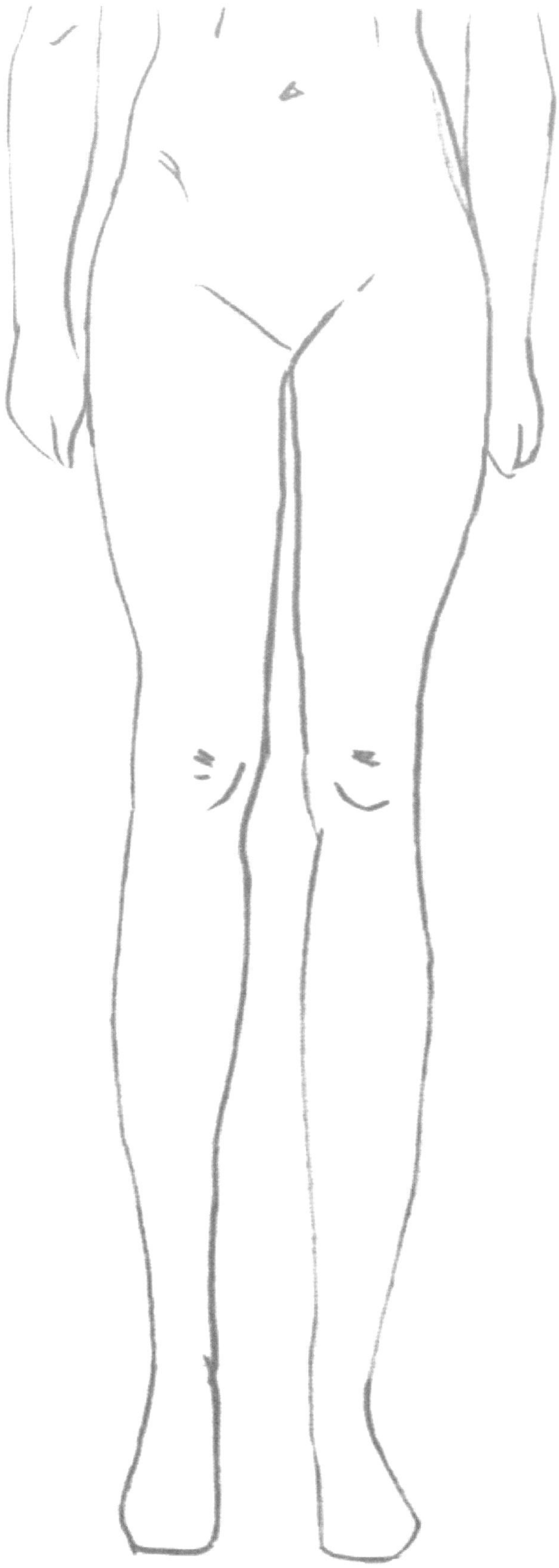

Tema.
Date.

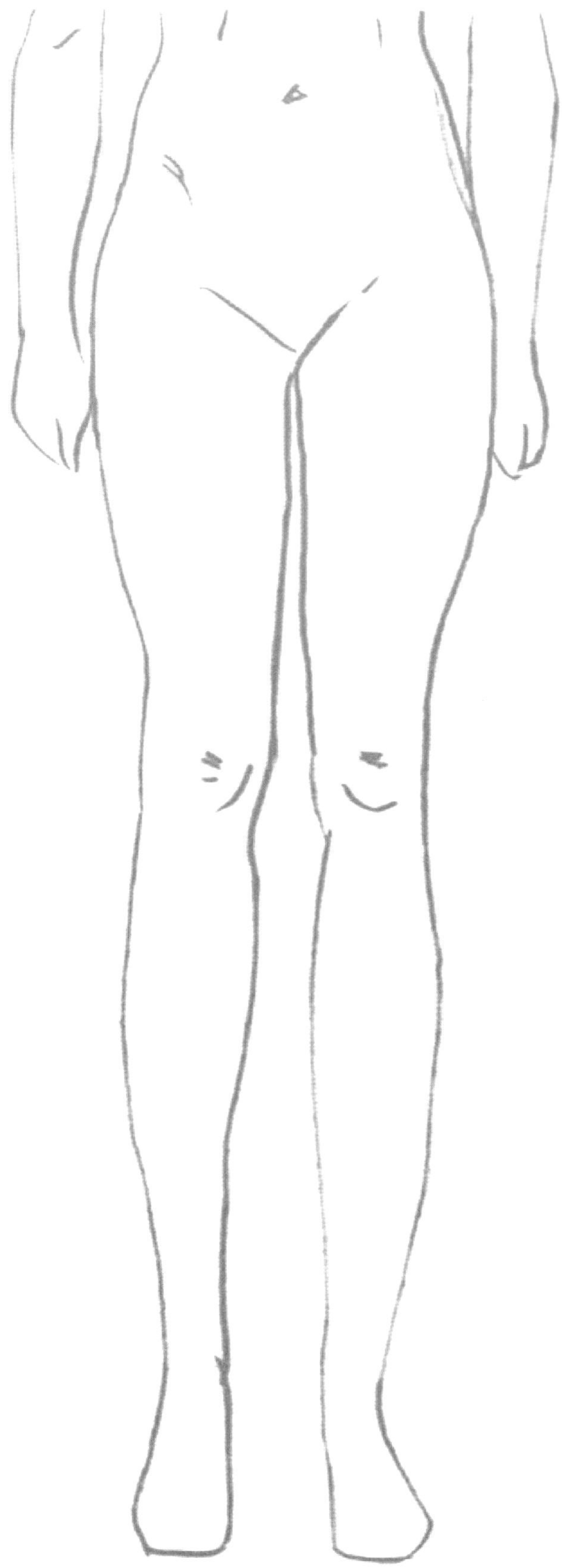

Tema.

Date.

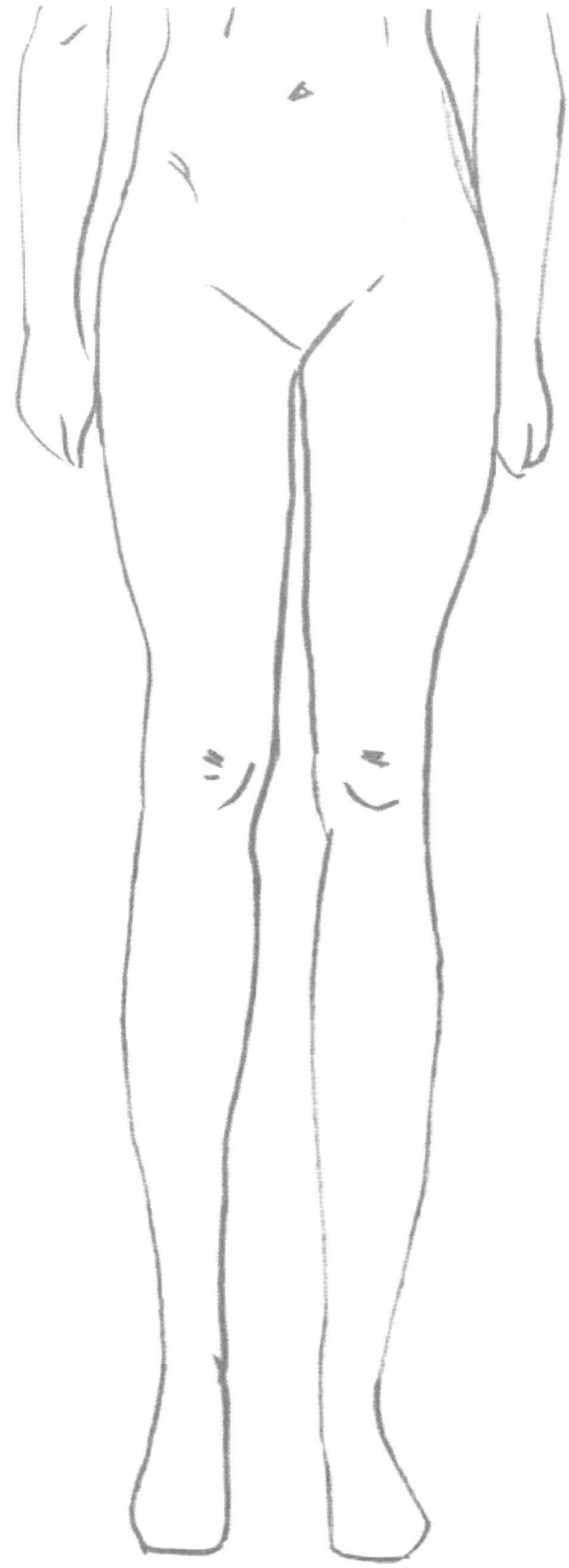

10. 여자 하반신 뒤

Tema.

Date.

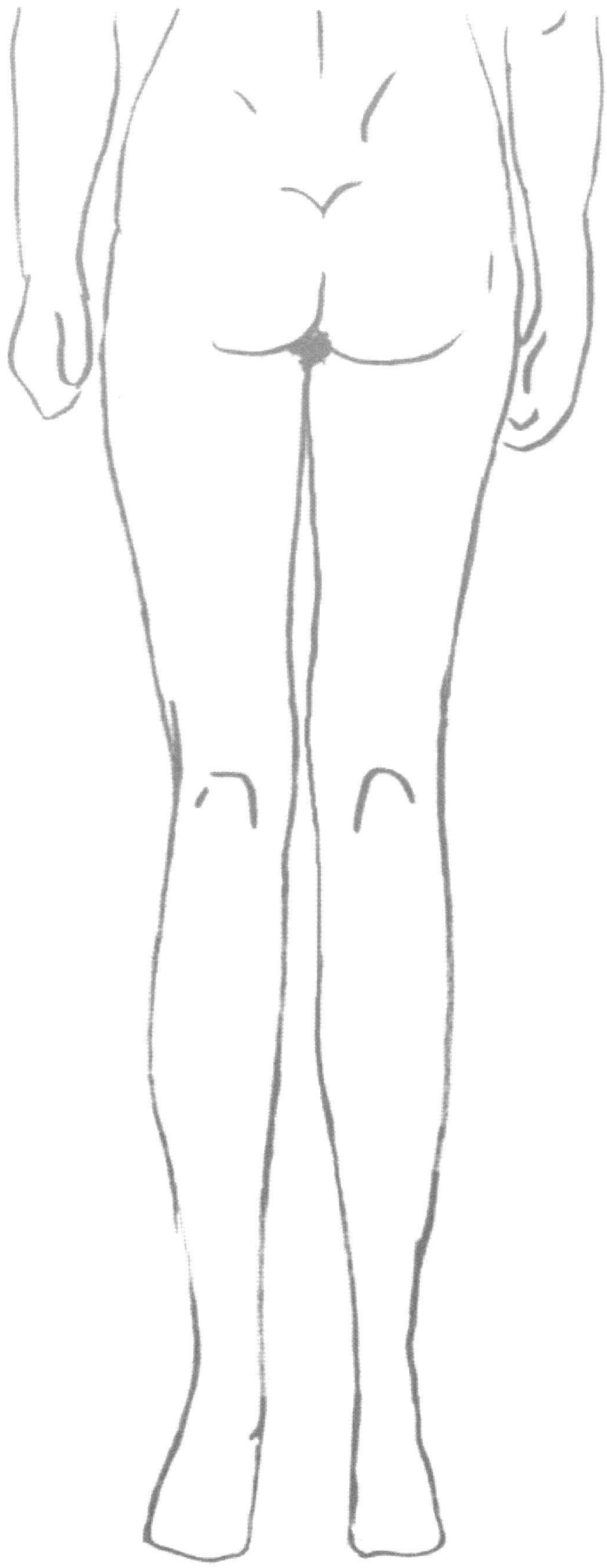

Tema.

Date.

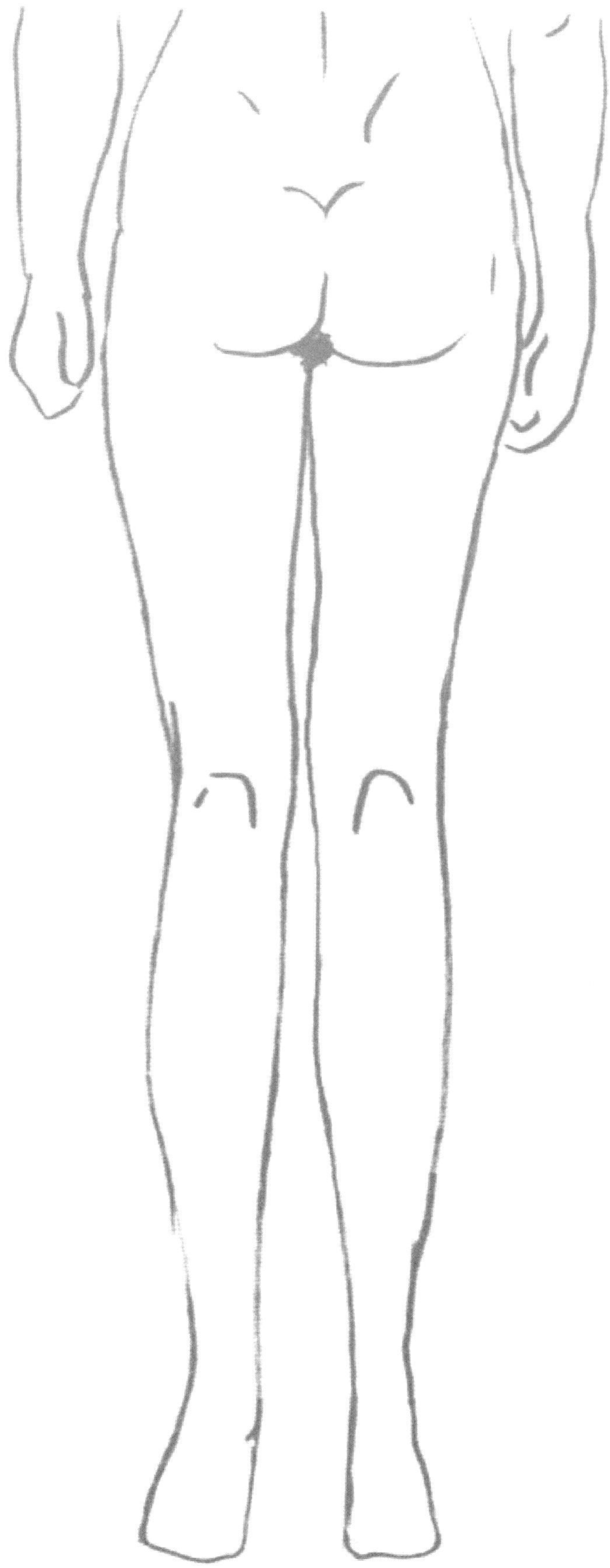

Tema.

Date.

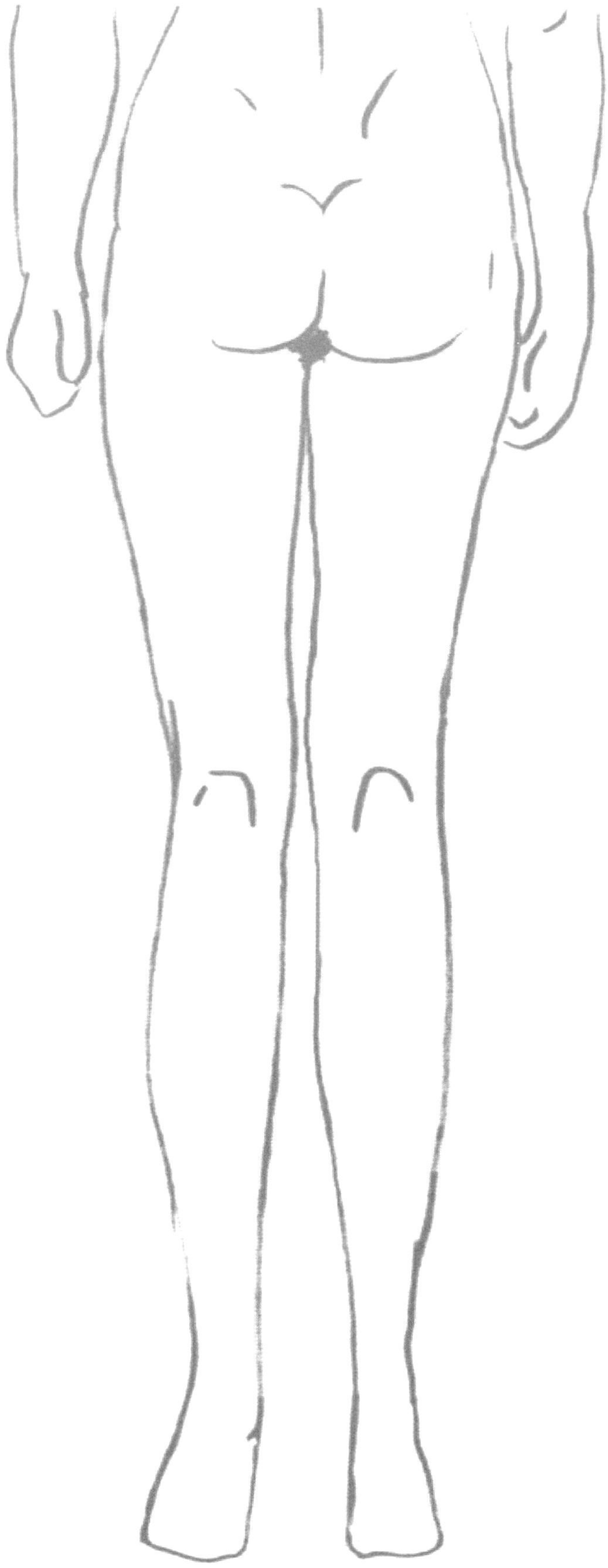

11. 여자 전신

Tema.

Date.

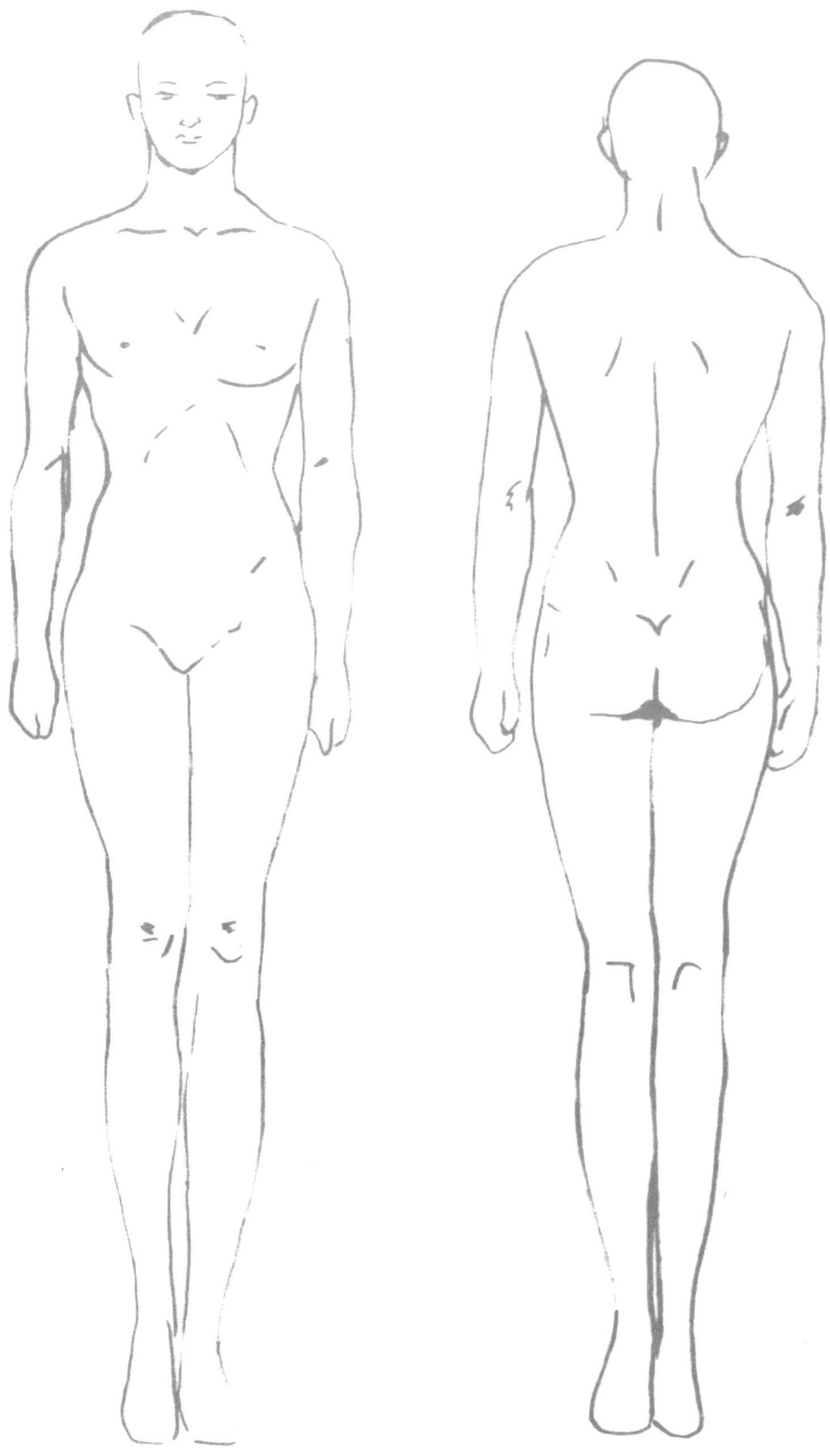

12. 남자 얼굴 정면

Tema.
Date.

Tema.

Date.

Tema.
Date.

Tema.

Date.

Tema.
Date.

13. 남자 얼굴 측면

Tema.
Date.

Tema.

Date.

Tema.

Date.

14. 남자 상반신 앞

Tema.
Date.

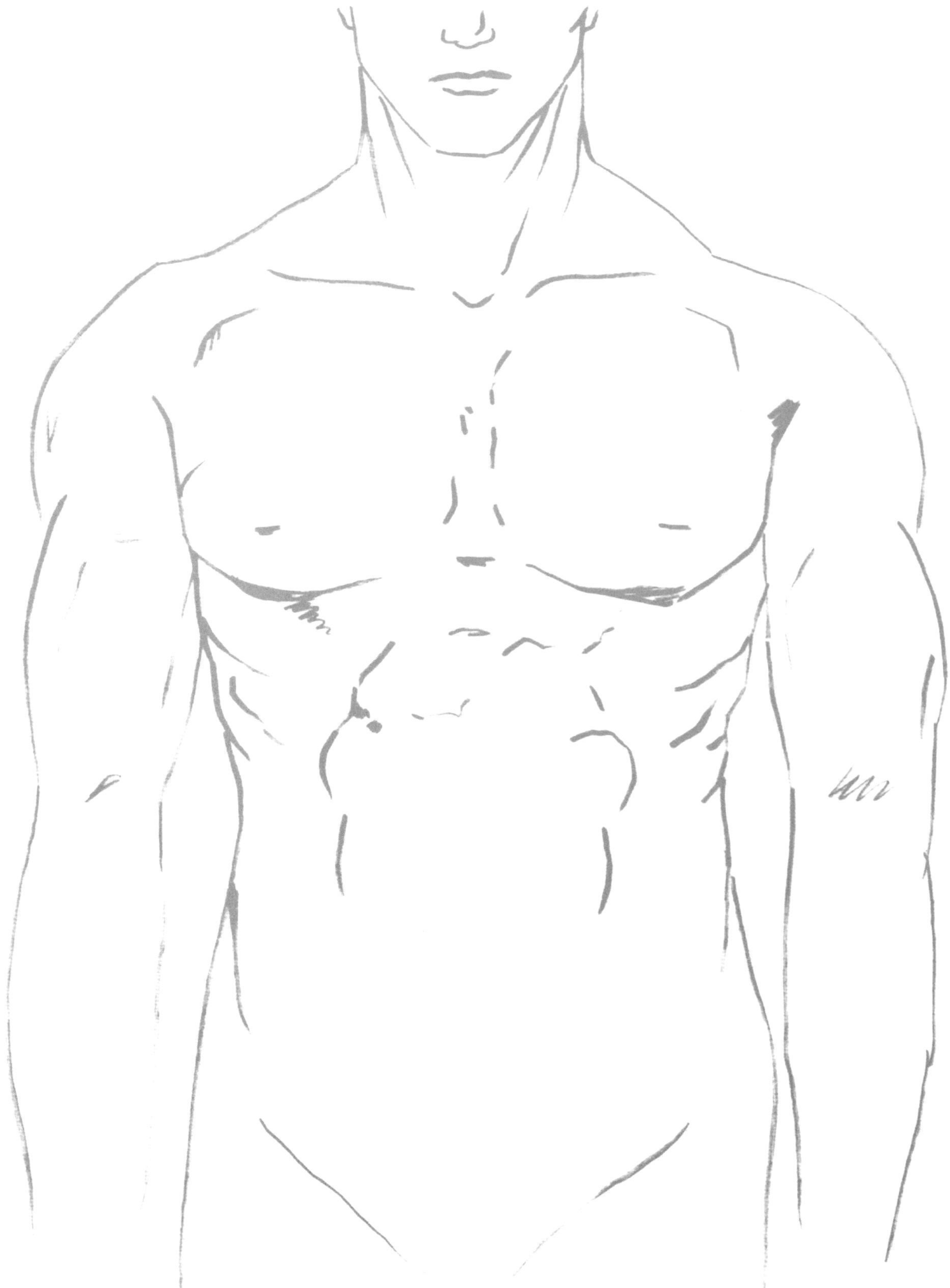

Tema.

Date.

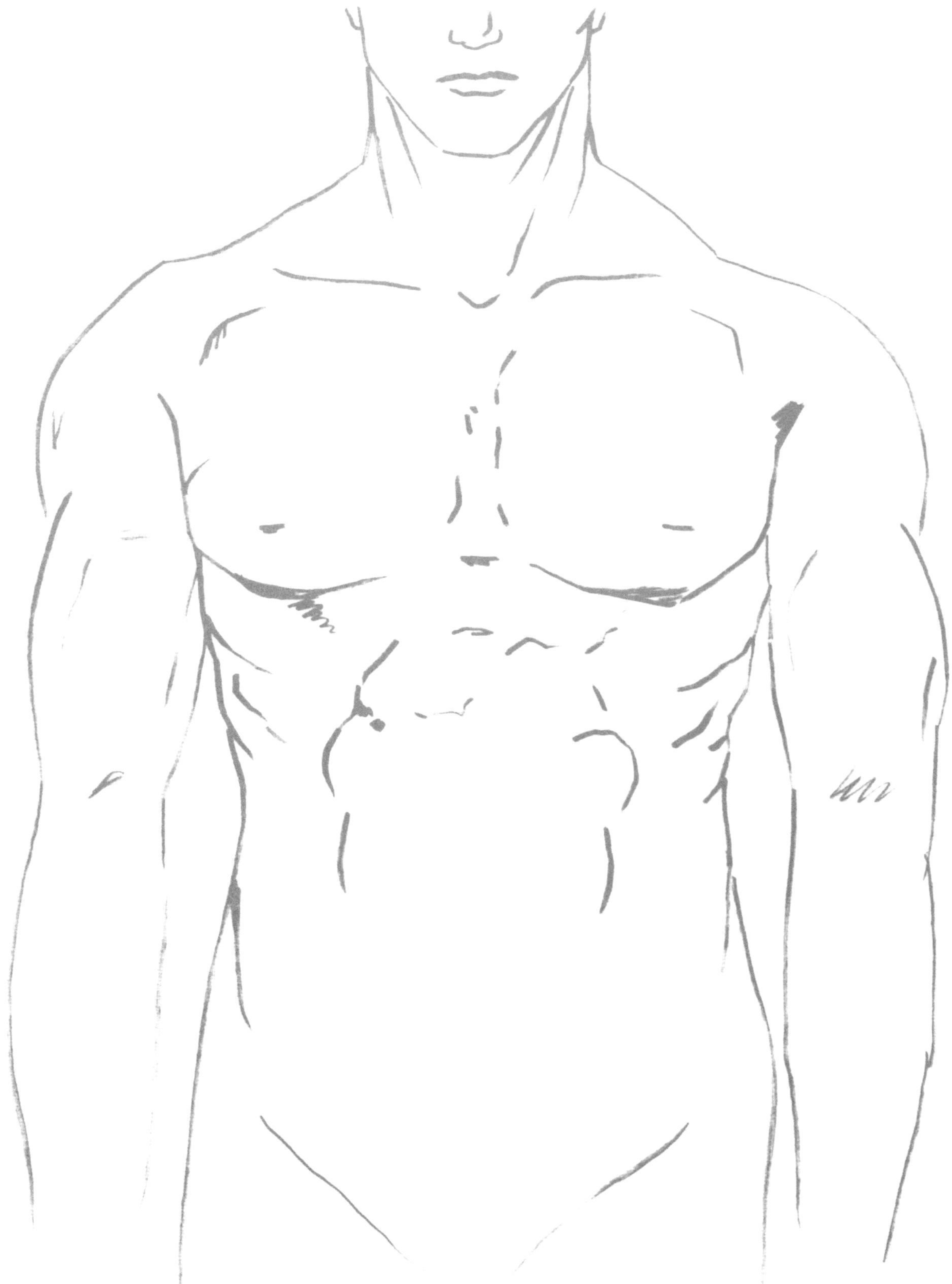

Tema.

Date.

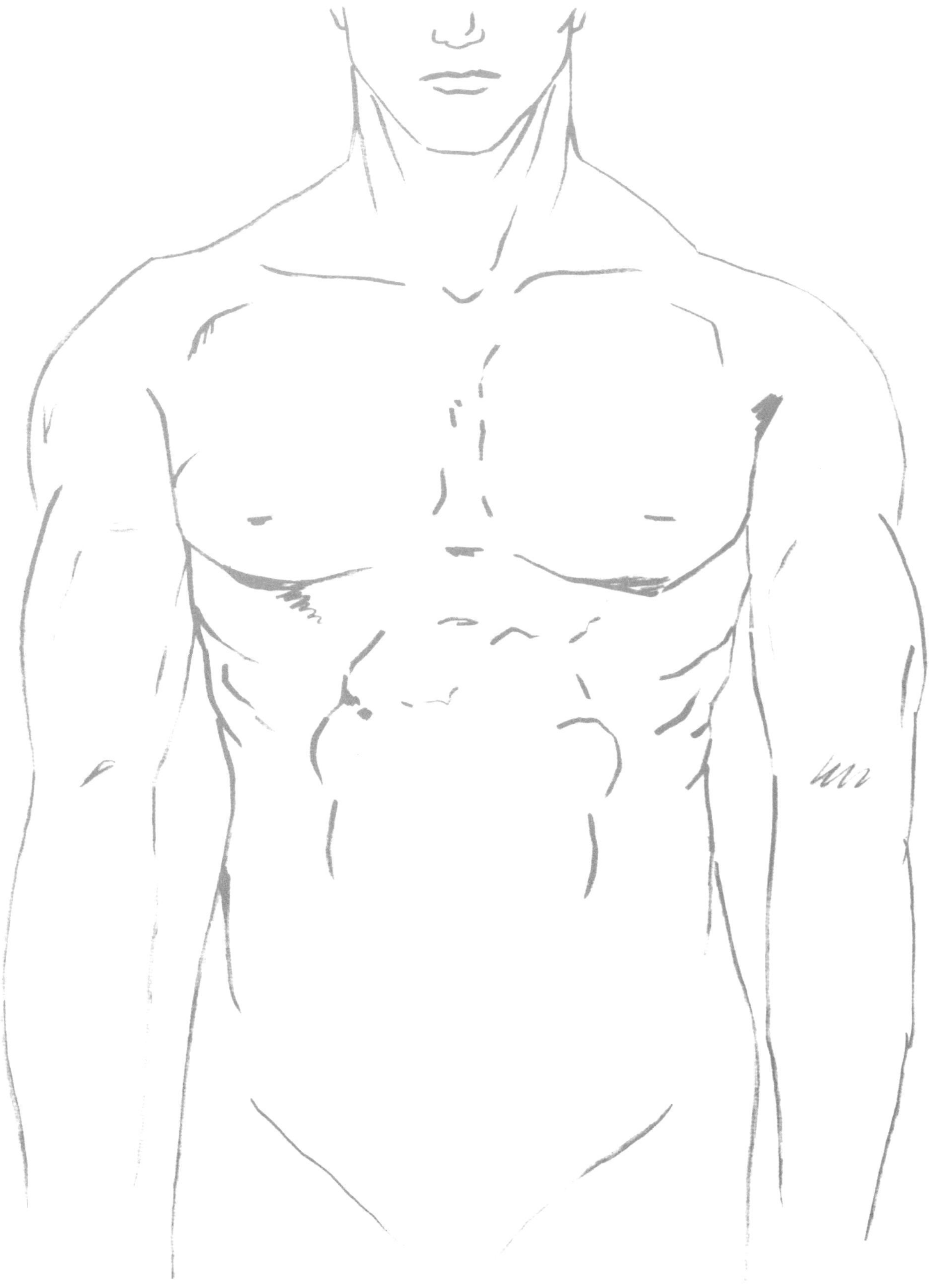

15. 남자 상반신 뒤

Tema.

Date.

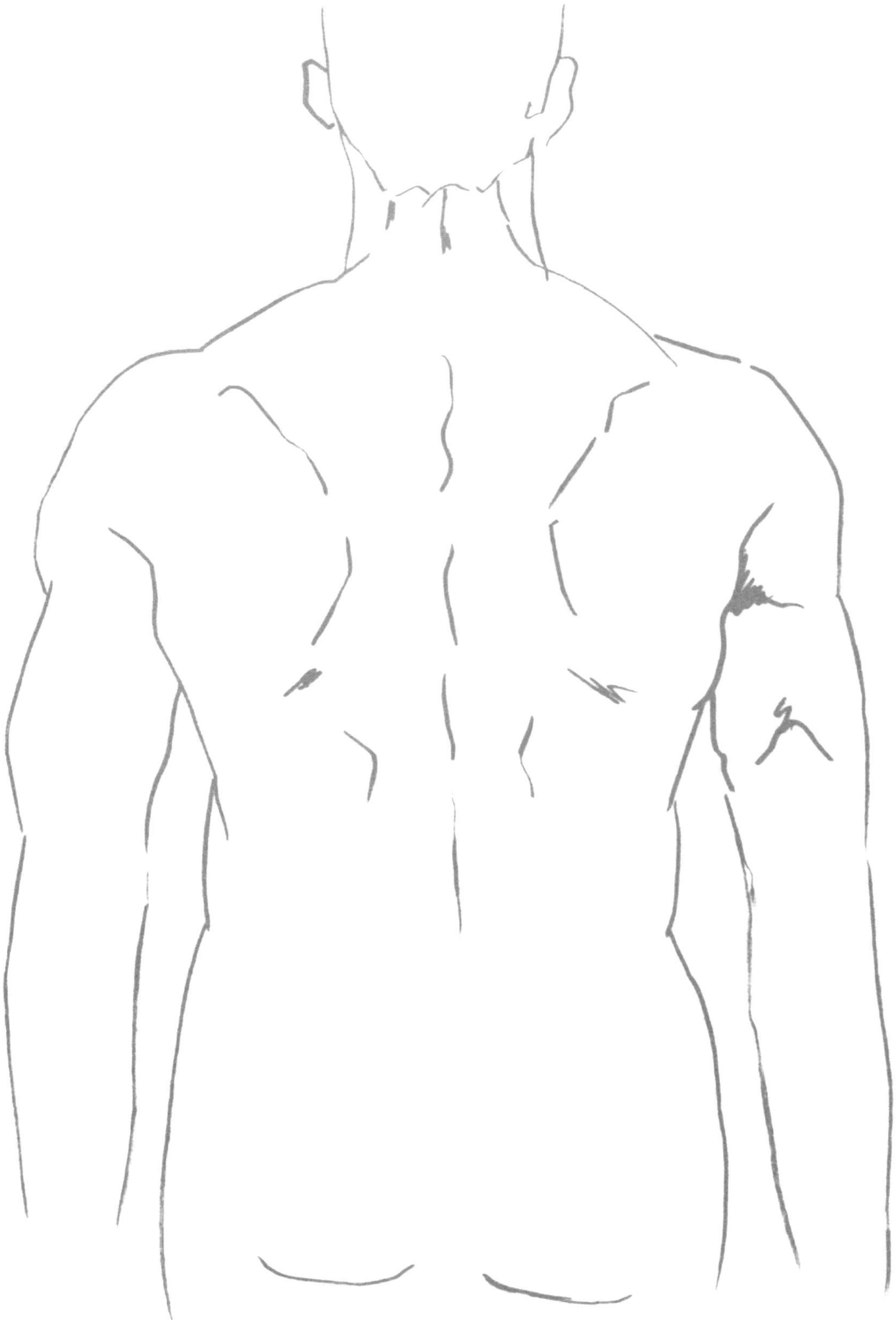

Tema.
Date.

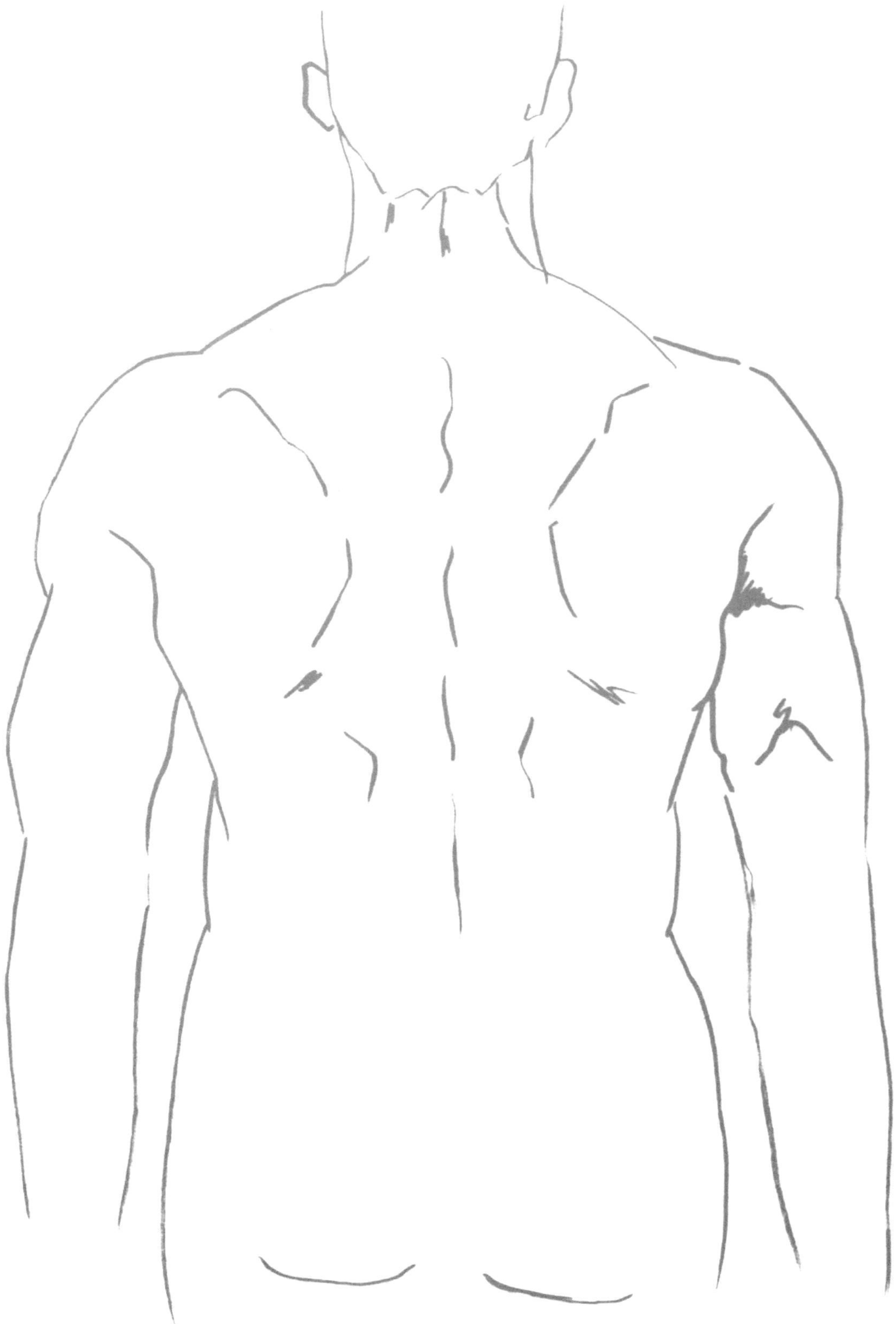

Tema.
Date.

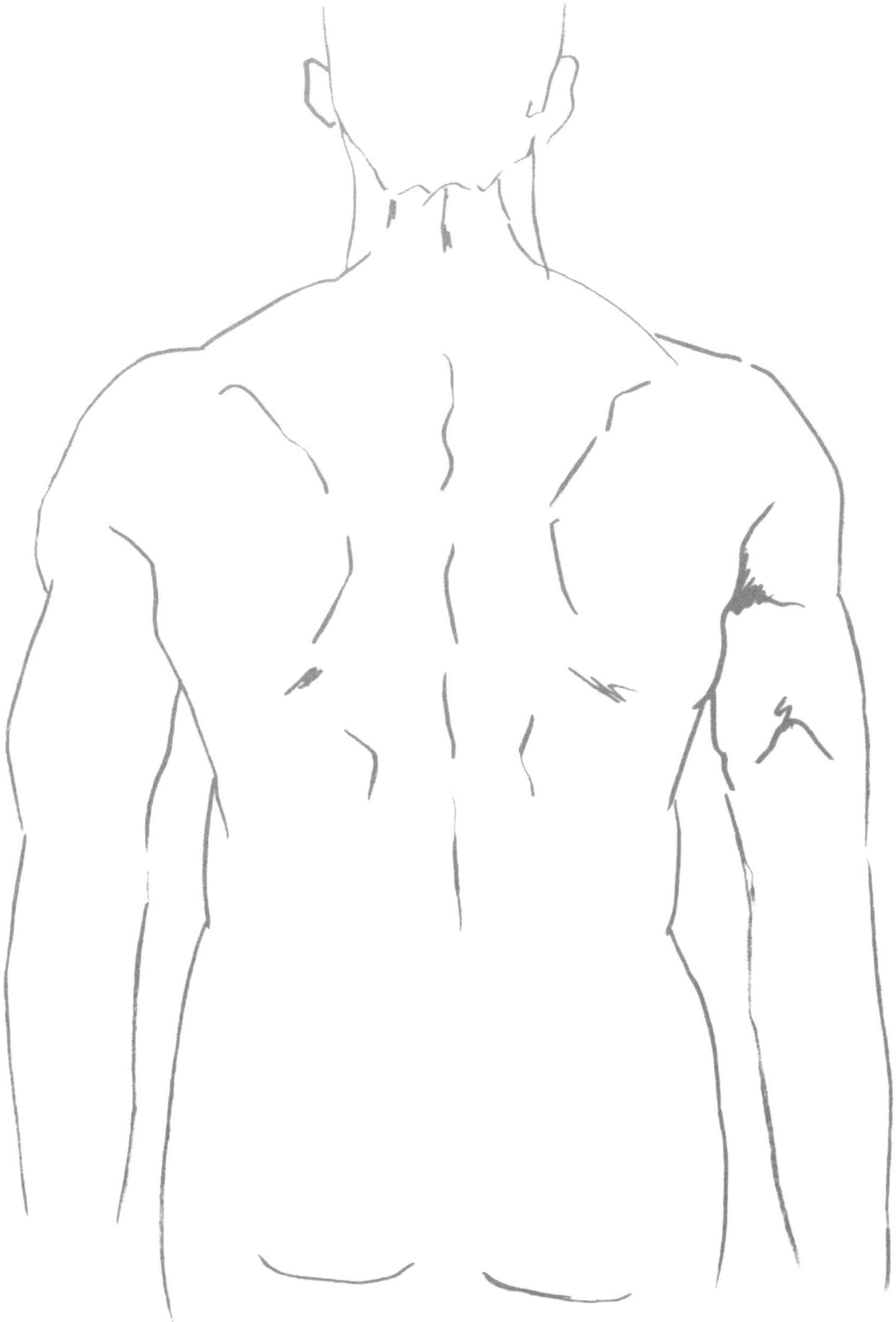

16. 남자 하반신 앞

Tema.

Date.

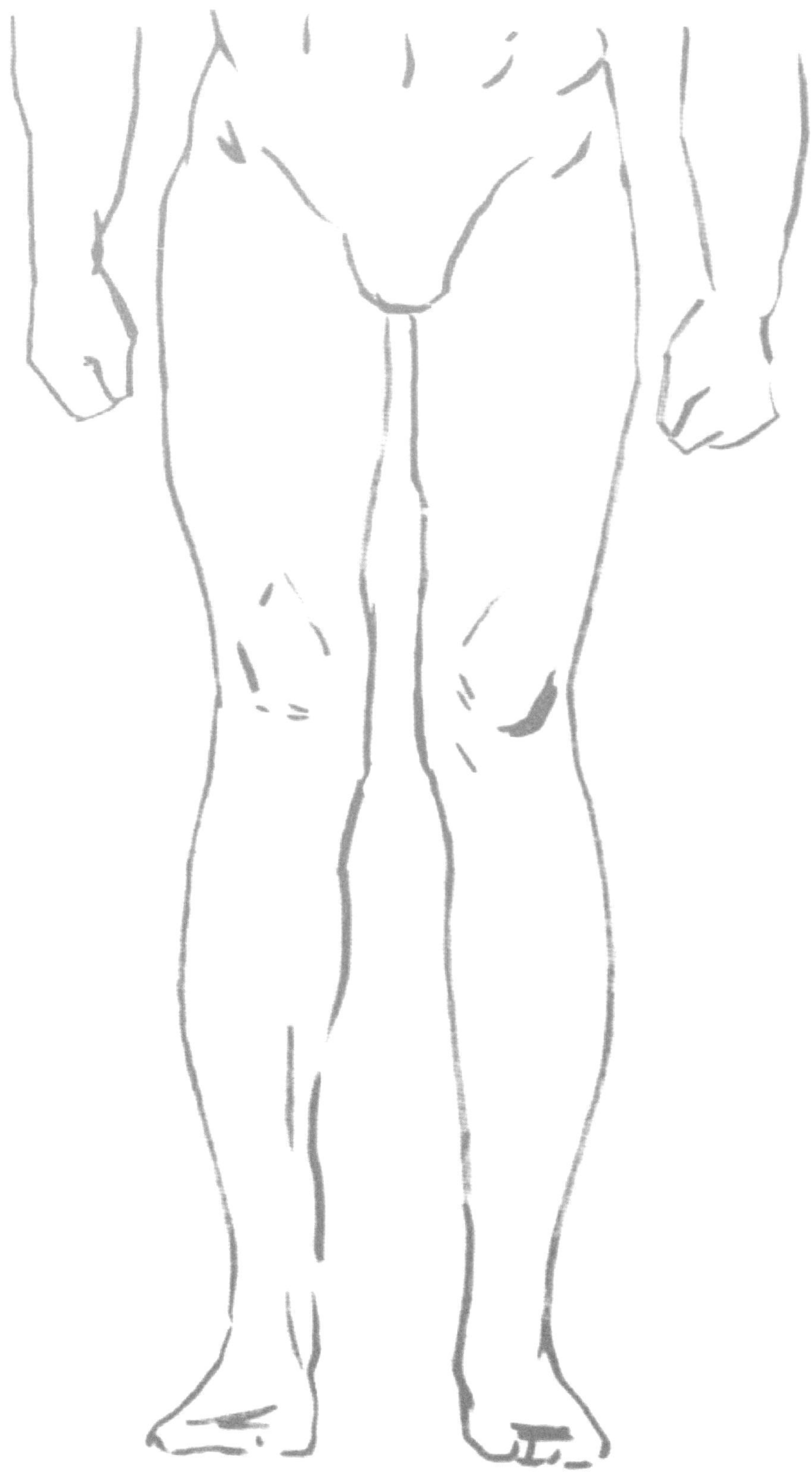

Tema.

Date.

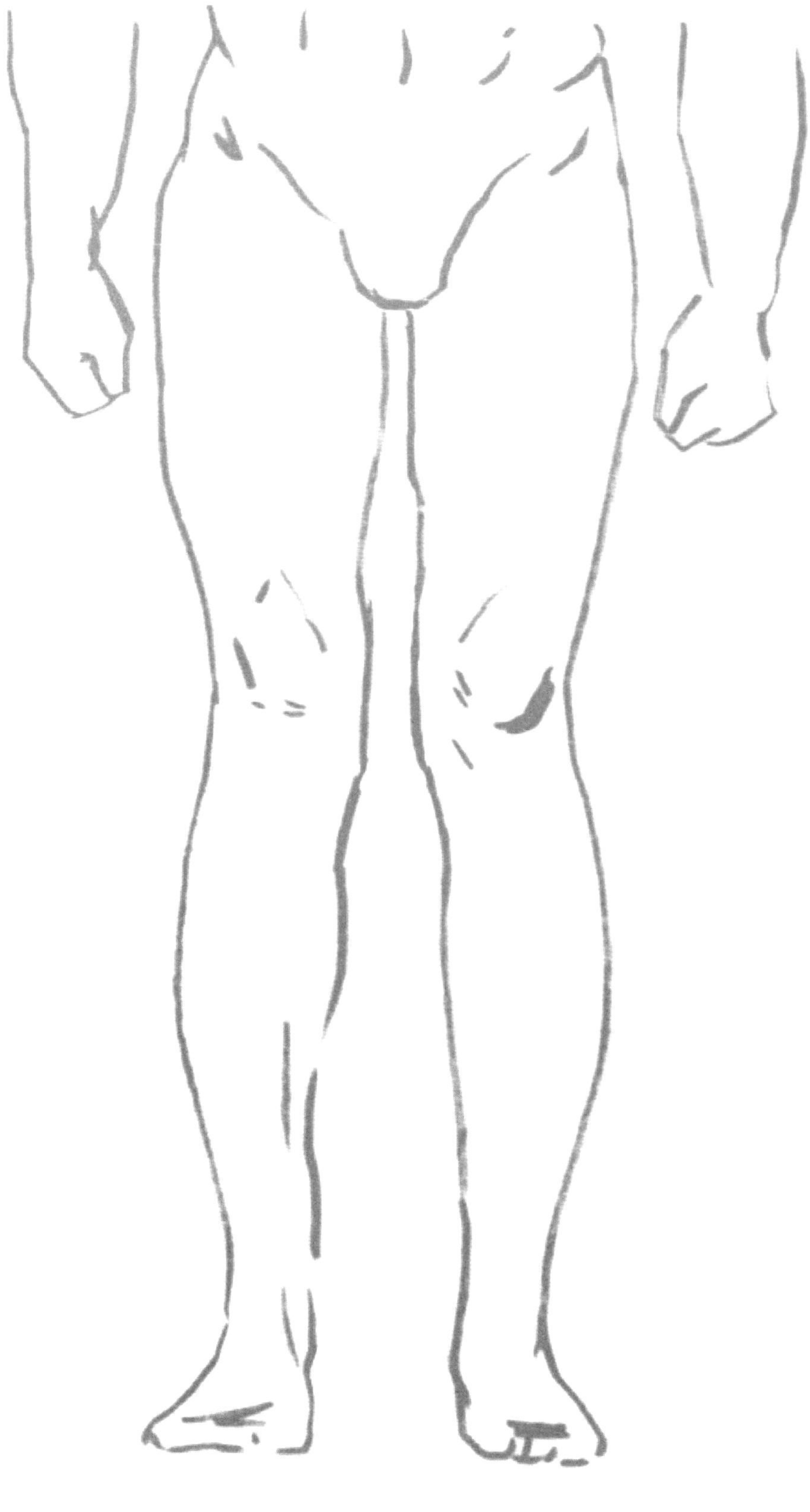

17. 남자 하반신 뒤

Tema.

Date.

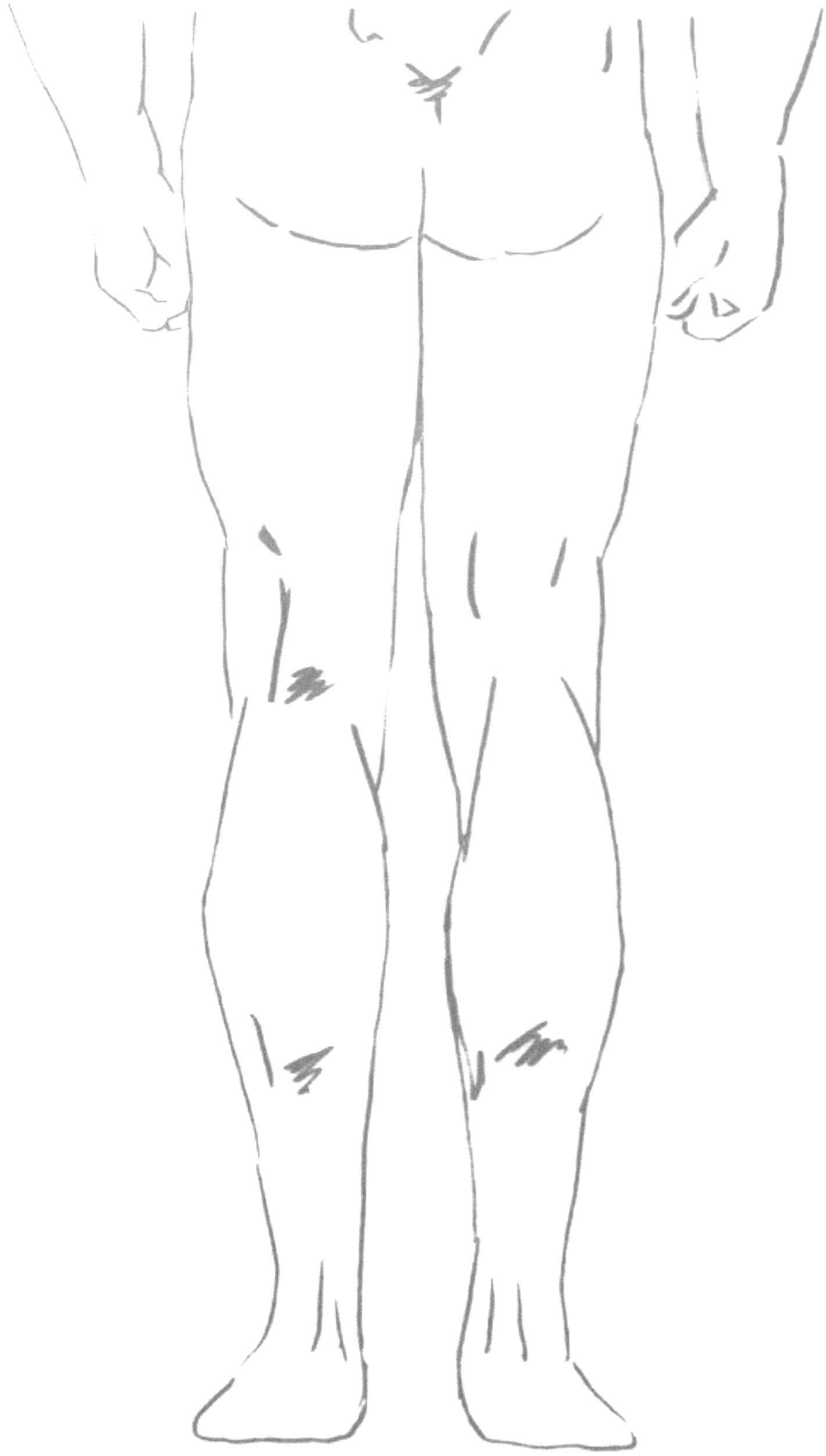

Tema.

Date.

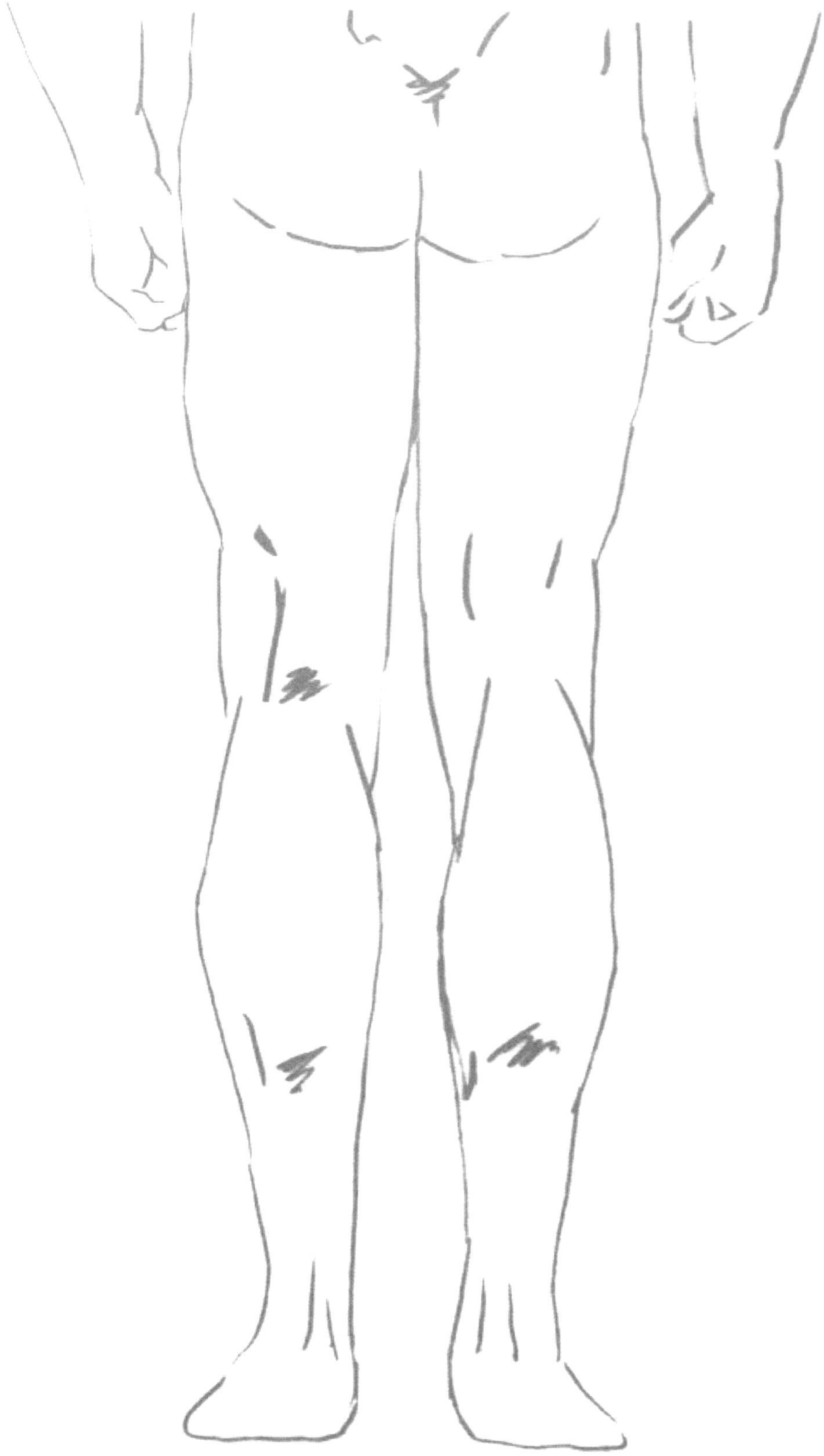

18. 남자 전신

Tema.

Date.

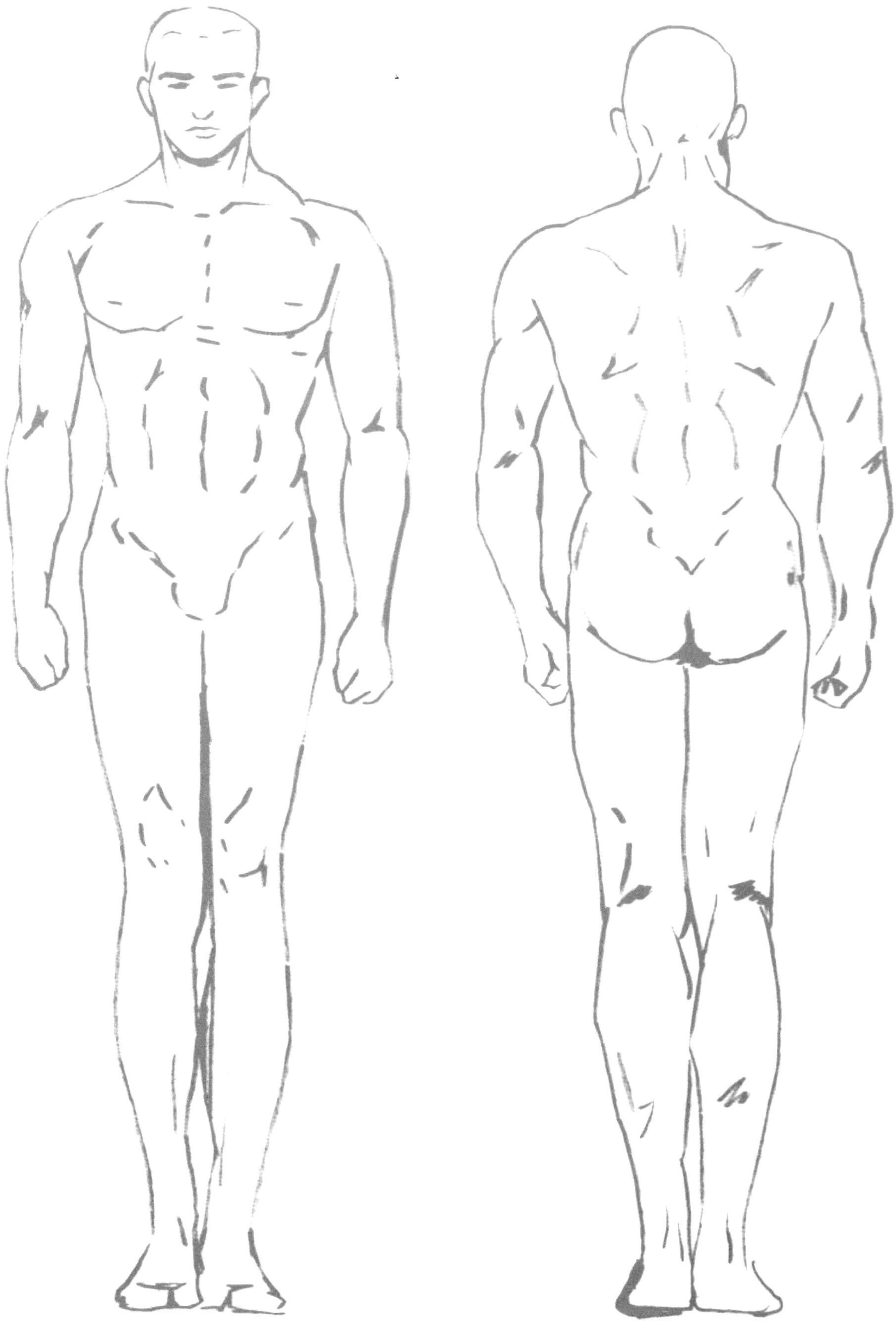

19. 일러스트

저자 소개

김민경
한성대학교 패션예술대학원 졸업
숭실대학교 일반대학원 환경 · 화학공학과 박사과정 뷰티학전공 수료
SBS 방송국 분장
SBS 방송아카데미 강사
수빈아카데미 메이크업 강사
비엔비 아카데미 분장, 메이크업 전임강사
서울보건대학, 목포과학대학, 신성대학 외래교수
한국분장예술인협회 심사위원 역임
現) 국제대학 뷰티디자인과 겸임교수
現) 동남보건대학 피부미용과 외래교수
現) Art space 대표

홍수경
한성대학교 패션예술대학원 졸업
중앙대학교 첨단영상대학원 영상이론 박사과정 수료
Jean Pierre Flurimon School 수료
Joe Balasco Make Up School 졸업
한국메이크업협회 심사위원 역임
International Make-up ARTFAIR 심사위원 역임
現) 피부미용향장학회 학술위원
現) 사단법인 한국분장예술인협회 자문위원
現) 동남보건대학 피부미용학과 교수

Make-up Design Book

2010년 2월 20일 초판인쇄
2010년 3월 10일 초판발행

지은이, 김민경 · 홍수경
펴낸이, 이상태
펴낸곳, 청구문화사
편 집, 박휘연
주소 : 120-831 서울특별시 서대문구 연희 1동 436-1
전화 : 02)332-0541(代) FAX : 02)337-9577
등록 : 1990년 11월 2일 제9-247호

가격 20,000원

ISBN 978-89-5616-370-3 93590